CREMER · PAHL — KINETIK DER GASREAKTIONEN

KINETIK DER GASREAKTIONEN

VON

PROFESSOR DR. E. CREMER
VORSTAND DES PHYSIKALISCH-CHEMISCHEN INSTITUTES DER UNIVERSITÄT INNSBRUCK

UND

PROFESSOR DR. M. PAHL
FORSCHUNGSSTELLE FÜR SPEKTROSKOPIE IN DER MAX-PLANCK-GESELLSCHAFT, GÖTTINGEN

MIT 48 ABBILDUNGEN
UND 17 TABELLEN

WALTER DE GRUYTER & CO.
VORMALS G. J. GÖSCHEN'SCHE VERLAGSHANDLUNG · J. GUTTENTAG, VERLAGSBUCHHANDLUNG · GEORG REIMER · KARL J. TRÜBNER
VEIT & COMP.

BERLIN 1961

DEM ANDENKEN AN

MAX BODENSTEIN

GEWIDMET

Vorwort

Die Anregung, in deutscher Sprache eine kurze zusammenfassende Darstellung über die Kinetik der homogenen Gasreaktionen abzufassen, ging von Prof. Karl Friedrich BONHOEFFER aus, der leider die Fertigstellung des Manuskriptes nicht mehr erleben durfte. Es war hierbei besonders vorgesehen, der grundlegenden Ergebnisse von Max BODENSTEIN zu gedenken, insbesondere derjenigen, die bisher nur verstreut in seinen Originalveröffentlichungen zu finden sind. Aus diesem Grunde wurde als erster Autor ein Schüler von BODENSTEIN ausersehen.

In diesem Buche sollen die theoretischen Grundlagen der Gaskinetik soweit entwickelt werden, wie es in elementarer Form möglich ist, um dann an Hand von ausgewählten klassischen Beispielen dem Leser die methodischen Prinzipien aufzuzeigen, nach denen reaktionskinetische Probleme angefaßt und bearbeitet werden. Die Autoren sind sich dessen bewußt, daß die Auswahl der Beispiele völlig subjektiv erfolgt ist. Sie sind jedoch der Meinung, daß dies in einer Grundrißdarstellung, die nur das Wesentlichste enthalten kann, erlaubt sei.

Die rein theoretischen Kapitel sind so gehalten, daß keine Durchrechnung größere mathematische Kenntnisse erfordert, als die jedem Chemiker geläufigen thermodynamischen Rechnungen. Schwieriger abzuleitende Gleichungen werden nur angegeben und ihr Sinn erläutert. Bei der Darstellung der kinetischen Gastheorie sind diejenigen Formeln durch Einrahmung hervorgehoben, die nachher öfter gebraucht werden. Der physikalisch weniger interessierte Leser kann die Ableitung solcher Formeln zunächst überschlagen.

Die verschiedenen Kapitel des Buches sind in sich nahezu geschlossen und aus diesem Grunde die Gleichungen nur in jedem Kapitel einzeln durchnumeriert. Wo in seltenen Fällen auf Formeln aus früheren Kapiteln Bezug genommen wird, ist die Bezeichnung des Kapitels vorangestellt, z. B. bedeutet III_4, 7 Formel 7 aus Teil III Kapitel 4.

Für wertvolle Diskussionen und Beiträge zum Teil III B, Kapitel 14 u. 15, möchten wir Herrn Dr. W. KLEINPAUL besonders danken. Ferner gilt unser

Dank den Assistenten und Studenten des Physikalisch-chemischen und des Anorganisch-chemischen Instituts der Universität Innsbruck, die bei der Besprechung des Manuskriptes im Rahmen eines Seminars mehrfach Anregungen zu einer klareren Fassung des Textes gegeben haben.

Innsbruck und Hechingen, Juli 1960 E. Cremer · M. Pahl

Inhaltsübersicht

Verzeichnis der verwendeten Symbole

A	beliebiger Reaktionspartner, 4 uff.*)
A	„A-Faktor" (Frequenzfaktor, Aktivitätskoeffizient, Entropiefaktor) der ARRHENIUSschen Gleichung, 23 uff.
A	Konstante der BOLTZMANNschen Energieverteilung (reziproker Wert des Zustandsintegrals), 38, 42f.
$A_{(r)\ (a,\ b,\ c)}$	COULOMBscher Anteil der Gesamtbindungsenergie zwischen 2 Atomen im Abstand $r\,(a$, s, b, $c)$, 75f.
AB	beliebiger, aus zweiatomigen Molekülen bestehender Reaktionspartner, 4 uff.
AB^*	Reaktionspartner AB in aktiviertem Zustand, 65
a	Stoßradius ($a = r_1 + r_2$, r_1, r_2 . . . Radien der Stoßpartner), 53ff., 57, 61
a	Anfangskonzentration der Ausgangssubstanz X bei einer chemischen Reaktion, 9ff., 22
B	beliebiger Reaktionspartner, 4 uff.
b	Stoßparameter (Abstand der geraden Bahn eines Teilchens von einer Parallelen durch das Stoßzentrum), 81f.
b_0	kritischer Wert des Stoßparameters b, 81
C	beliebiger Reaktionspartner, 4 uff.
C	SUTHERLANDsche Konstante (Verdoppelungstemperatur), 61, 64f.
c	reduzierte Geschwindigkeit der MAXWELLschen Geschwindigkeitsverteilung, 45ff.
D	Dissoziationsenergie, 72
D'	Summe aus Dissoziationsenergie und Nullpunktsenergie, 72
d	kritischer Abstand der Teilchen beim Dreierstoß, 57, 58, 59
d	nach EYRING Strecke, die ein aktivierter Komplex auf der Höhe des „Energieberges" mit der Geschwindigkeit $\bar{v}$ durchläuft, 70, 71

*) Das Zeichen uff. (= unterbrochen fortlaufend folgend) nach der angegebenen Seitenzahl bedeutet, daß das betr. Symbol von dieser Seite an das ganze Buch hindurch verwendet wird.

E	Gesamtenergie (eines Moleküls), 37f., 48, 62
E_k	kinetische Energie, 4 uff.
E_p	potentielle Energie, 4 uff.
E_o	Aktivierungsenergie, 4 uff.
E_{12}	relative kinetische Energie zweier Teilchenarten
$E_{r(a,\,b,\,c)}$	Gesamtbindungsenergie zwischen 2 Atomen im Abstand $r(a, b, c)$, 75f.
E_i	Energie eines i-ten Quantenzustandes, 80
e	Elementarladung, 50
F	Freie Energie, 43
$f_1, f_2, f_3 \ldots$	Produkte aus Geschwindigkeitskonstanten und Konzentrationen von Reaktionsteilnehmern bei der Berechnung von Kettenreaktionen, 31
g	Relativgeschwindigkeit zweier Teilchenarten mit den Geschwindigkeiten $\mathfrak{v}_1$, $\mathfrak{v}_2$, 81f.
H	Enthalpie, 2 uff.
h	PLANCKsches Wirkungsquantum, 38, 68, 70ff.
$I_{abs.}$	absorbierte Lichtmenge, 99, 107, 110f.
K	Gleichgewichtskonstante für eine chemische Reaktion, 2 uff.
K^*	Gleichgewichtskonstante für das Gleichgewicht zwischen aktiviertem Zustand und Grundzustand nach van't HOFF, 67f., 70
$K^{\neq}$	Gleichgewichtskonstante für das Gleichgewicht zwischen aktiviertem Komplex und reagierenden Molekülen nach EYRING, 70f.
k	Geschwindigkeitskoeffizient (Geschwindigkeitskonstante) einer chemischen Reaktion, 8 uff.
k_1, k_2, k_3	Geschwindigkeitskoeffizienten für einzelne Teilreaktionen, 27 uff.
$k_{\max}$	maximaler Geschwindigkeitskoeffizient für den Fall, daß jeder gaskinetische Stoß zur Reaktion führt, 56, 63f.
k	BOLTZMANNsche Konstante, 5 uff.
M	Molmasse, 46 uff.
M	Stoßpartner, der nicht in die Bruttogleichung eingeht, z. B. beim Dreierstoß, 100, 106, 109ff.
m	Molekülmasse, 44ff., 80
m_{12}	reduzierte Masse, 55f.
$m^{\neq}$	Masse des EYRINGschen aktivierten Komplexes, 70ff.
N	Anzahl von Molekülen (allgemein), 7uff.
N^*	Anzahl von aktivierten Molekülen, die eine Energie $> E$ haben, 86
N_1	Anzahl der Moleküle im Einheitsvolumen, 37

N_A	AVOGADROsche Zahl (Anzahl der Moleküle im Mol), 37 uff.
N_L	LOSCHMIDTsche Zahl (Anzahl der Moleküle pro cm^3 unter Normalbedingungen), 50
N_V	Anzahl der Moleküle in einem bestimmten Beobachtungsraum V, 37f., 50
N_0	Nullpunktsenergie (Schwingungsenergie am absoluten Nullpunkt), 72
n	Reaktionsordnung, 8 uff.
n	Anzahl der Moleküle pro cm^3 (numerische Gasdichte in cm^{-3}), 49ff.
n^*	Konzentration der aktivierten Moleküle N^*, 67, 70, 86ff.
P	Gesamtdruck eines im Volumen V befindlichen Gasgemisches, 52
P_1, P_2	Partialdrucke einzelner Komponenten, 52
p	Druck (allgemein), 7 uff.
q	Temperaturinkrement der ARRHENIUSschen Gleichung, 23 uff.
R	Gaskonstante, 2 uff.
RG	Reaktionsgeschwindigkeit, 7 uff.
r	Atomabstand (Teilchenabstand), 72
r_0	kritischer Reaktionsabstand, 81f.
S	Entropie (allgemein), 2 uff.
s_0	Anzahl der Normalschwingungen eines Moleküls, 85f.
s	Anzahl der an der Aktivierung beteiligten Molekülschwingungen, 85f.
T	absolute Temperatur (°K), 2 uff.
t	Zeit (allgemein), 7 uff.
$t_{1/2}$	Halbwertszeit, 22
$\bar{t}$	mittlere Lebensdauer aktiver Teilchen in der Energiekette, 87
V	Volumen (allgemein), 39uff.
v	Molekulargeschwindigkeit, 44ff.
$\bar{v}$	mittlere Geschwindigkeit nach MAXWELL, 46f.
$\overline{v^2}$	mittleres Geschwindigkeitsquadrat nach MAXWELL, 46f.
$\overline{v_{12}}$	mittlere Relativgeschwindigkeit zweier Teilchenarten, 55f.
$\bar{v}$	mittlere Geschwindigkeit eines aktivierten Komplexes beim Durchlaufen der Strecke d (nach EYRING), 70
v^*	Bildungsgeschwindigkeit aktiver Teilchen auf thermischem Wege, 87ff.
W	Wahrscheinlichkeit eines Zustandes, 37f.

W_s^*	Wahrscheinlichkeit, daß ein Molekül eine totale Schwingungsenergie $E > E_0$ besitzt, 85f., 111f.
w	Wahrscheinlichkeit (allgemein), 26 uff.
w	wahrscheinlichste Geschwindigkeit nach MAXWELL, 45f.
X (X_1, X_2)	beliebiger Reaktionspartner, 7 uff.
X	aktiver Zwischenkörper bei einer mehrstufigen Kettenreaktion, 27ff.
XY	zweiatomiger Reaktionspartner, 73
x (x_1, x_2)	Konzentration eines Reaktionspartners in mol/l, 7uff.
x	Kettenlänge (Anzahl der Kettenglieder), 26, 103ff.
Y	bei einer chemischen Reaktion entstehendes Endprodukt, 11 uff.
Y	aktiver Zwischenkörper bei einer mehrstufigen Kettenreaktion, 27ff.
y	Konzentration des Endproduktes Y in mol/l, 11 uff.
Z	bei einer Kettenreaktion entstehendes Endprodukt, 27ff.
z	Anzahl der Stöße eines Moleküls (z. B. bis zur Desaktivierung), 85
z_{12}	Zahl der Zweierstöße pro cm^3 und sec, 55f., 63
z_{12}^*	Zahl der erfolgreichen Zweierstöße, 63ff.
z_{123}	Zahl der Dreierstöße pro cm^3 und sec, 57f.
z_w	Zahl der Wandstöße pro cm^3 und sec, 56
z_0	Zustandssumme eines Systems, 41f.
α	relative Konzentration nach POWELL, 22
α	Stoßausbeutefaktor der ARRHENIUSschen Gleichung, 59, 67f.
$\alpha_{(r)(a,\,b,\,c)}$	resonanzenergetischer Anteil der Gesamtbindungsenergie zwischen 2 Atomen im Abstand $r(a, b, c)$ 75f.
$\alpha_{(\max,\min)}$	(maximale, minimale) elektrische Polarisierbarkeit eines Moleküls, 81ff,. 117
ε	Anzahl von Teilchen, die infolge Aufnahme von Reaktionswärme eine Energie $> E$ besitzen, 87f.
ζ	mittlere Stoßzahl einer Teilchenart, 54
ζ_{12}	mittlere Stoßzahl eines Teilchens der Sorte I mit Teilchen der Sorte 2
$\Delta\Theta$	Zeit, während der ein Teilchen in angeregtem Zustand bleibt, sofern keine Reaktion stattfindet, 87f.
$\varkappa$	Transmissionskoeffizient (Stoßausbeutefaktor) nach EYRING, 67, 70f., 80
$\varkappa_{i,j}(p)$	Transmissionskoeffizient für den Übergang vom i-ten in den j-ten Quantenzustand, 80
λ	mittlere freie Weglänge, 52ff.
λ_0	mittlere freie Weglänge, gegen ruhende Stoßpartner, 54

λ_P	mittlere freie Weglänge, beim Gasdruck P, 54
λ_{12}	mittlere freie Weglänge, zweier Teilchenarten, 55
μ	reduzierte Masse, 82
ν	Anzahl der Mole in einem Reaktionsraum, 50
ν	„Frequenzfaktor", Anzahl der Schwingungen, die ein Molekül pro sec ausführt, 68, 85, 111ff.
ϱ	Dichte (Molekülmasse. Teilchenanzahl pro cm^3), 61
σ (σ_{12})	gaskinetischer Stoßquerschnitt, 54ff., 63ff., 81
$\mathring{\sigma}_{12}$	bei einer bestimmten Temperatur gemessener Wirkungsquerschnitt unter Annahme der Gasmoleküle als starrelastische Kugeln, 64
$\sigma_{(g)}$	Wirkungsquerschnitt bei der Relativgeschwindigkeit g, 82
τ	nach POWELL Zeitparameter, 22
τ	mittlere Lebensdauer eines zerfallenden Stoffes, 10
τ	Verweilzeit von Quasimolekülen in einer Potentialsenke (z. B. beim Dreierstoß), 59f.
τ	Lebensdauer angeregter Teilchen, 85
$\Delta\tau$	Zeit zwischen dem Entstehen aktiver Teilchen und der Reaktion, 87f.

Wichtige Grundkonstanten und Maßeinheiten*)

Elektrische Elementarladung: $e = 4{,}8020 \cdot 10^{-10}$ elst. E. = $1{,}60203 \cdot 10^{-19}$ Coulomb

Boltzmannsche Konstante: $\mathsf{k} = 1{,}3805 \cdot 10^{-16}$ erg.grad^{-1}

Plancksches Wirkungsquantum: $h = 6{,}623 \cdot 10^{-27}$ erg. sec

Avogadrosche Zahl: $N_A = 6{,}023 \cdot 10^{-23}$ mol^{-1}

Gaskonstante: $R = N_A \cdot \mathsf{k} = 8{,}3146 \cdot 10^7$ erg · mol^{-1} · grad^{-1} = 1,9865 cal · mol^{-1} · grad^{-1} = 82,06 cm^3 · atm · mol^{-1} grad^{-1}

Faradaysche Konstante: $F = N_A \cdot e = 96488$ Coulomb · mol^{-1}

Molvolumen idealer Gase: (273,16° K, 1 Atm.) = $22{,}415 \cdot 10^3$ cm^3 · mol^{-1}

Kubischer Ausdehnungskoeffizient idealer Gase: = $273{,}16^{-1}$ grad^{-1}

Absolute Wattsekunde (Joule): (internationale Wärmeeinheit): 1 *J.* (*abs.*) = 10^7 erg = 0,23893 cal

Internationale Wattsekunde (Joule):
1 *J.* (*int.*) = $1{,}00019 \cdot 10^7$ erg = 0,23897 cal

Elektronenvolt × Avogadrosche Zahl: 1 $eV \cdot N_A$ = 23,06 kcal

Masse des Protons: $1{,}6723 \cdot 10^{-24}$ g

Masse des Elektrons: $9{,}106 \cdot 10^{-28}$ g

Mikrobar: 1 μb = 1 dyn · cm^{-2} = 10^{-6} bar

Atmosphäre: 1 *Atm* = 1,01325 bar = 760 mm Hg = 760 torr

Torr: 1 *torr* = 1,333 millibar

Mikron: 1 μ = 10^{-3} torr = 1,3332 mikrobar

---

*) vgl. auch Abschn. III_5, S. 50!

I. Allgemeiner Überblick

1. Einleitung

In der zweiten Hälfte des vorigen Jahrhunderts waren die Eigenschaften der Gase experimentell genügend erforscht und die Erkenntnis vom atomistischen Aufbau der Materie bereits so weit fortgeschritten, daß die ,,klassische kinetische Gastheorie" von ihren großen Meistern CLAUSIUS, MAXWELL und BOLTZMANN als fertiges Gebäude erstellt werden konnte. Damit war auch für die Chemie eine sichere Grundlage für die Entwicklung der ,,chemischen Gaskinetik" gegeben. So lehrten GULDBERG und WAAGE das chemische Gleichgewicht kinetisch zu verstehen, indem sie die Geschwindigkeiten von Hin- und Rückreaktion gleichsetzten. ARRHENIUS gelang die Aufstellung und Deutung der nach ihm benannten Gleichung für die Abhängigkeit der Reaktionsgeschwindigkeit von der Temperatur.

Mit dem Anfang dieses Jahrhunderts beginnt dann das eigentliche Zeitalter der Kinetik. Es ist MAX BODENSTEIN, der mit seinen exakten Experimenten und ihrer klaren Auslegung als Pionier vordringt, die Kettenreaktionen entdeckt und so mit Recht ,,der Vater der Reaktionskinetik" genannt wird.

Die Anwendung der Wellenmechanik auf reaktionskinetische Probleme, die späterhin namentlich von EYRING und Mitarbeitern vollzogen wurde, führte zur Deutung des ,,aktivierten Zwischenzustandes" und zur theoretischen Voraussage der absoluten Größe von Reaktionsgeschwindigkeiten. In jüngster Zeit wurde auch der Nobelpreis an zwei ,,Kinetiker" — C. N. HINSHELWOOD und N. N. SEMENOFF — verliehen und damit die große Bedeutung der Reaktionskinetik für Wissenschaft und Technik ganz besonders hervorgehoben.

Die hier kurz skizzierte Geschichte der Reaktionskinetik kann in diesem Buch nur gestreift werden. Auch soll keine Aufzählung der vielen bereits kinetisch untersuchten Systeme gebracht werden. Hier muß der Leser auf die bereits erschienenen, umfangreichen Spezialwerke verwiesen werden. Die Zielsetzung dieses Buches ist viel bescheidener: Es soll eine Einführung geben in die Behandlung reaktionskinetischer Probleme, eine praktische und theoretische Anweisung für die Messung der notwendigen Größen und für die Durchführung einer kinetischen Analyse, die in der Aufklärung des Reaktionsweges und in der Bestimmung charakteristischer Konstanten gipfelt. Die Anwendung der Kunst, die hierdurch erlernt werden soll, bleibt dann nicht auf die Behandlung von Gasreaktionen beschränkt. Die Gaskinetik ist die Grundlage jeder Reaktionskinetik. Die in den einfachen ,,klassischen" Beispielen gebrachten Methoden sind grundsätzlich auch auf die Reaktionen in Flüssigkeiten und schließlich auf die heute so wichtigen Polymerisationsreaktionen anwendbar. In jüngster Zeit wurde noch ein weiteres großes Arbeitsgebiet für den Gaskinetiker erschlossen: Die Kinetik der Plasmareaktionen, die sich in Gasentladungen zwischen Ionen und neutralen Molekülen abspielen, oder zur sekundären Ionenbildung aus angeregten neutralen Partnern führen.

2. Thermodynamik und Kinetik

Die Frage, ob eine chemische Reaktion ablaufen kann oder nicht, wird durch die Berechnung des thermodynamischen Gleichgewichtes beantwortet. Betrachten wir z. B. die Knallgasreaktion

$$2\,H_2 + O_2 \rightarrow 2\,H_2O \tag{1}$$

und ihre Gegenreaktion

$$2\,H_2O \rightarrow 2\,H_2 + O_2, \tag{2}$$

so ist jedem Chemiker geläufig, daß man einen nennenswerten Umsatz bei mäßigen Temperaturen nur in Richtung der Wasserbildung erzielen kann.

Das Gleichgewicht

$$2\,H_2 + O_2 \rightleftharpoons 2\,H_2O, \tag{3}$$

charakterisiert durch die Gleichgewichtskonstante

$$K = \frac{[H_2O]^2}{[H_2]^2 \cdot [O_2]}, \tag{4}$$

liegt bei niedrigen Temperaturen ganz auf der Seite des Wassers.

Die thermodynamische Behandlung, die auf VAN'T HOFF zurückgeht, zeigt, daß die Lage des Gleichgewichtes, d. h. die Größe der Gleichgewichtskonstanten (K), durch die bei der Reaktion sich vollziehende Änderung zweier thermodynamischer Größen bestimmt ist: erstens durch die bereits von BERZELIUS als wichtig erkannte Wärmetönung, die bei konstant gehaltenem Gesamtdruck in die thermodynamischen Formeln als Änderung der Enthalpie (H) eingeht, und zweitens durch die Änderung einer Wahrscheinlichkeitsgröße, der Entropie (S), entsprechend dem Ausdruck:

$$\ln K = -\frac{\Delta H}{RT} + \frac{\Delta S}{R}. \tag{5}$$

Der Buchstabe Delta (Δ) soll hier andeuten, daß es sich um eine Differenz der Größen H und S zwischen zwei Zuständen, dem Endzustand (Index E) und dem Anfangszustand (Index A) handelt. Es ist also

$$\Delta H = H_E - H_A, \quad \Delta S = S_E - S_A.$$

Die Formel (5) zeigt, daß die Lage des chemischen Gleichgewichtes von zwei gegenläufigen Tendenzen bestimmt wird, die man als das Bestreben nach Verringerung der Energie (gemessen durch die Größe H) und das Bestreben nach Vermehrung der Unordnung (gemessen durch die Größe S) bezeichnen kann.

Hat die Rechnung ergeben, daß eine Reaktion in der gewünschten Richtung verlaufen kann, so ist noch keineswegs gesagt, daß sie auch mit meßbarer Geschwindigkeit verläuft. Wasserstoff und Sauerstoff z. B. lassen sich bei Zimmertemperatur als Gemisch lange aufbewahren, ohne daß sie zu Wasser reagieren.

Es ist die Aufgabe der *chemischen Kinetik*, die Gründe zu erforschen, weshalb thermodynamisch mögliche chemische Reaktionen mit sehr verschiedenen Geschwindigkeiten verlaufen, und aus dieser Erkenntnis Voraussagen über die Bedingungen zu machen, bei denen man gewünschte Umsätze mit gewünschter Geschwindigkeit erzielen kann.

Die *chemische Thermodynamik* vermag grundsätzlich nur Aussagen über statische Gleichgewichtszustände zu liefern, weil in den drei Hauptsätzen nur Energie- bzw. Temperaturfunktionen und keine Zeitfunktionen auftreten[1]).

Zur Messung einer Wärmemenge im Kalorimeter genügt die Feststellung von Stoffmengen durch Wägung und die Ablesung von Temperaturdifferenzen $T_2 - T_1$ an einem Thermometer. Sofern dabei zeitliche Temperaturverläufe mit Hilfe einer Uhr noch zusätzlich gemessen werden, dient dies lediglich dazu, die — durch Rühren beförderte — Einstellung der Gleichgewichtstemperaturen T_1 und T_2 möglichst exakt zu erfassen.

Die *chemische Kinetik* befaßt sich mit dem zeitlichen Ablauf von Reaktionen. Sie bedarf deshalb einer grundlegenden Theorie, die über den Rahmen der Thermodynamik hinausreicht und den Zeitablauf *reversibler* wie *irreversibler* Prozesse gleichermaßen erfassen kann. Eine solche Theorie liefert die molekularkinetische Betrachtung der Materie, die das Verhalten der Stoffe mikrophysikalisch beschreibt, indem sie von der Existenz und den Zuständen (Bewegungen mit eingeschlossen) der einzelnen Moleküle ausgeht. Die kinetische Theorie ist gegenüber der thermodynamischen als die fundamentalere anzusehen, weil sie erstens die molekulartheoretische (statistische) Begründung der Thermodynamik bildet und zweitens genaue Aussagen liefern kann über den zeitlichen Ablauf von Prozessen, der u. a. auch für die chemische Kinetik Gegenstand der Untersuchungen ist.

3. Voraussetzungen für die chemische Reaktion

In diesem Buch soll nur die Kinetik der *Gasreaktionen* behandelt werden. Man hat hier verhältnismäßig durchsichtige Bedingungen, weil die kinetische Gastheorie im Verein mit der Quantentheorie der Moleküle (zumindest im Prinzip) alle erforderlichen Grundlagen für die Reaktionskinetik enthält. Im Gaszustand treten in einzelnen getrennten Elementarakten jeweils nur wenige Moleküle (zwei bis drei) miteinander in Wechselwirkung, wenn sie bei einem „Stoß“ genügend nahe zusammentreffen, im übrigen aber bewegen sich die Moleküle in idealen Gasen kräftefrei, d. h. ohne Beeinflussung durch andere Nachbarn.

Die Gesetze des gaskinetischen Stoßes sind weitgehend erforscht und man könnte deshalb erwarten, daß die im Experiment gefundenen Gesetzmäßigkeiten bei Gasreaktionen besonders einfach seien. Eine solche Hoffnung hat sich aber im allgemeinen bisher nicht bestätigt. Nur bei wenigen Musterbeispielen wie etwa der Jodwasserstoffbildung bei Atmosphärendruck

$$H_2 + J_2 \longleftrightarrow 2\,HJ$$

geht die Reaktion in einem einzigen Elementarakt vor sich, der durch die Bruttogleichung beschrieben wird. In den meisten Fällen verläuft die durch die Bruttogleichung dargestellte Reaktion in Teilschritten über irgendwelche Zwischenprodukte. Diese Reaktionsschritte verlaufen in einem Gasgemisch zeitlich nebeneinander und lassen sich experimentell oft nur schwer einzeln verfolgen. So bedarf es z. B. des Einsatzes besonderer Meßmethoden, um das Auftreten von Radikalen direkt nachzuweisen. Moderne Meßmittel für derartige Zwecke liefern u. a. die Spektroskopie und die Massenspektrometrie.

[1]) Im Gegensatz hierzu enthält z. B. die Elektrodynamik in den MAXWELLschen Grundgleichungen bereits die elektrische Stromstärke und kann deshalb auch zeitliche Zustandsänderungen quantitativ erfassen.

Man könnte nun erwarten, daß es möglich sei, theoretisch die Geschwindigkeit einer Gasreaktion zu berechnen, wenn das Zusammenspielen sämtlicher Zwischenreaktionen und Zwischenpartner, die am Bruttoumsatz beteiligt sind, vollständig bekannt ist. Denn mit Hilfe der kinetischen Gastheorie läßt sich ohne weiteres berechnen, wie viele Stöße zwischen den verschiedenen Molekülen eines Gasgemisches von bekannter Zusammensetzung stattfinden. Aber auch in solchen Fällen hat die Erfahrung ergeben, daß unter gewöhnlichen Bedingungen bei weitem nicht jeder Stoß auch wirklich zur Reaktion führt. Das Auftreten gaskinetischer Stöße ist somit nur eine notwendige, aber keine hinreichende Bedingung für das Zustandekommen einer Reaktion, wie bereits aus dem eingangs angeführten Beispiel der von selbst nicht reagierenden Knallgasmischung hervorgeht.

Worin besteht nun die Hemmung, die verhindert, daß die Partner bei einem gaskinetischen Stoß auch chemisch reagieren? Um diese Frage zu beantworten, müssen wir den Begriff der sogenannten „*Aktivierungsenergie*“ einführen. Die quantitative Interpretation dieser Größe ist auf klassischem Wege nicht möglich, sondern verlangt bereits die Berücksichtigung der quantenhaften Energiestruktur der Moleküle. Jedoch stellt, allgemein gesprochen, der Betrag der Aktivierungsenergie eine Energieschwelle dar, die von den Reaktionspartnern erst überwunden werden muß, ehe sie beim Stoß miteinander reagieren können. Dies sei kurz am einfachen Beispiel einer bimolekularen Reaktion

$$AB + C \longrightarrow AC + B$$

erläutert. Die Reaktion soll bei konstanter Temperatur und ohne Entropieänderung verlaufen. Reaktionspartner (Stoßpartner im gaskinetischen Sinne) sind nach diesem Schema das Molekül AB und das Atom C, aus denen bei einem „wirksamen Stoß“ die Reaktionsprodukte AC und B entstehen. Im Gasraum besitzen die Partner vor dem Stoß bestimmte Beträge an kinetischer Energie E_k und potentieller Energie E_p, deren Summe sich auf Grund der Energieerhaltung beim Stoß nicht ändert und deshalb gleich der Energiesumme der Reaktionsprodukte ist, gemäß

$$\begin{aligned} E_{gesamt} &= E_p(AB) + E_p(C) + E_k(AB) + E_k(C) \\ &= E_p(AC) + E_p(B) + E_k(AC) + E_k(B). \end{aligned} \tag{6}$$

Als potentielle Energien kommen hauptsächlich in Betracht: Trennungsenergie von Bindungen, Schwingungsenergie, Elektronenbindungs- und Anregungsenergie. Wenn nun die gesamte potentielle Energie der Produkte kleiner ist als die der Partner, so wird zunächst die Reaktion „energetisch möglich“ ganz entsprechend den Aussagen der Thermodynamik. Aus der Ungleichung

$$E_p(AB) + E_p(C) > E_p(AC) + E_p(B) \tag{7}$$

dürfen wir aber nicht schließen, daß die Reaktion „freiwillig“ bei jedem Stoß in der angegebenen Richtung verläuft.

Die Energieverhältnisse für den Ablauf unserer Reaktion werden durch das Schema in **Abbildung I, 1** veranschaulicht. Zwischen den Zuständen potentieller Energie der beiden Systeme $AB + C$ und $AC + B$ besteht demnach eine Energieschwelle, zu deren Überwindung die Aktivierungsenergie E_0 aufgebracht werden muß, deren Betrag in der Energiebilanz der Reaktion aber nicht auftritt, weil er nach Überschreiten der Schwelle wieder gewonnen wird. Die Energiebilanz selbst ist gegeben durch die Differenz zweier Gleichgewichtszustände $\Delta H = E_p(AB) + E_p(C) - E_p(AC) - E_p(B)$. Für *endotherme* Reaktionen wird diese Differenz negativ und hat dann dasselbe Vorzeichen wie die Aktivierungsenergie. Für die endotherme Rückreaktion $AC + B \rightarrow AB + C$ muß also der Betrag $\Delta H + E_0$ aufgewendet werden.

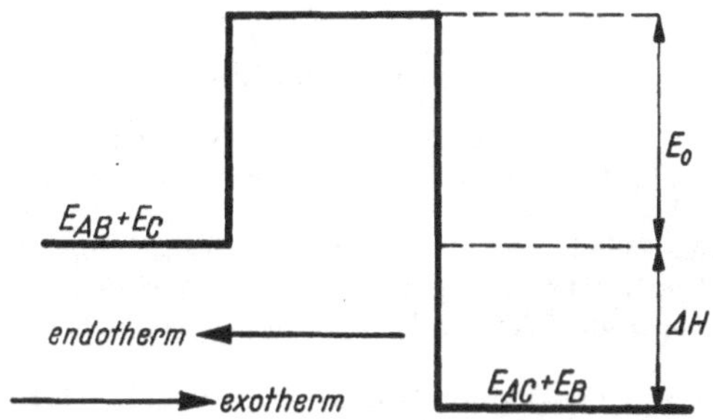

Abb. I, 1. Energieschema zur Erläuterung der Aktivierungsenergie

Die Aktivierungsenergie kann nun in mannigfacher Art dem System $AB + C$ zugeführt werden. Eine Möglichkeit hierzu ergibt die Umwandlung von kinetischer in potentielle Energie beim Stoß, wenn $E_k(AB) + E_k(\mathrm{C}) \geqq E_0$. Weitere Möglichkeiten der Aktivierung liefern z. B. die Anregung der Reaktionspartner durch Einstrahlung von Licht (photochemische Aktivierung), wie bei der Chlor-Knallgasreaktion, oder die Anregung durch Elektronenstöße in einer Glimmentladung. Stets muß also dem System $AB + C$ in irgendeiner Form eine zusätzliche Energie zugeführt werden. Der Betrag dieser Aktivierungsenergie ist aber weitgehend unabhängig von der Temperatur des jeweils betrachteten Systems und deshalb eine charakteristische *konstante* Größe, die bei der Berechnung des temperaturabhängigen Geschwindigkeitskoeffizienten einer Reaktion eine wichtige Rolle spielt.

Jedem Chemiker ist es geläufig, daß durch *Temperaturerhöhung* die Geschwindigkeit chemischer Umsätze beträchtlich gesteigert werden kann. Die Zahl der Stöße in einem Gase nimmt nach der kinetischen Theorie mit $\sqrt{T}$ zu, während die empirisch beobachtete Steigerung der Reaktionsgeschwindigkeit wegen der Notwendigkeit der Zuführung einer Aktivierungsenergie proportional einer e-Potenz von der Form $e^{-E_0/kT}$ ist. Diese Erkenntnis stammt von ARRHENIUS und wurde schon vor der Aufstellung der Quantentheorie gewonnen.

Mit der Einführung der Aktivierungsenergie haben wir nun eine sehr wesentliche Bestimmungsgröße für die Geschwindigkeit chemischer Umsetzungen erfaßt. Es bleibt jedoch noch zu erwähnen, daß zu alledem noch ein *Wahrscheinlichkeitsfaktor* hinzukommen kann, der u. a. berücksichtigt, daß nur begrenzte Stellen eines Moleküls reaktionsfähig sind, die beim Stoß jeweils räumlich gegen den anderen Partner ausgerichtet sein müssen. Dieser Faktor (auch „sterischer" Faktor genannt) ist aber nicht rein geometrisch zu deuten, er enthält vielmehr noch den Einfluß der in unserem Beispiel nicht berücksichtigten *Entropieänderung*, die mit einer Reaktion verbunden sein kann.

Da ein jedes Gasvolumen durch Wände begrenzt ist, soll der Einfluß von *Wandreaktionen* gering bleiben gegenüber den Reaktionen im Gasraum selbst. Wir wollen hier nur die Kinetik der *homogenen* Gasreaktionen behandeln, müssen dann aber angeben können, wie hoch die Beteiligung von Wandreaktionen sein kann. Diese Frage läßt sich nun mit Hilfe der kinetischen Gastheorie klären, aus der folgt, daß der Bereich der homogenen Gasreaktionen auf das Gebiet nicht zu niedriger Gasdrucke beschränkt bleibt, d. h. die mittlere freie Weglänge der Gasmoleküle muß stets klein gegen die Abmessungen der Gasvolumina sein.

Literaturhinweise

1. Schumacher, H. J., Chemische Gasreaktionen, Verlag Steinkopff, Darmstadt, 1938.
2. Glasstone, S., Laidler, K. J., Eyring, H., The Theory of Rate Processes, McGraw Hill Book Comp. Inc. (New York, London), 1941.
3. Jungers, J. C., Cinétique Chimique Appliquée, Société des Éditions, Paris, 1958.
4. Hinshelwood, C. N., The Kinetics of Chemical Change, Clarendon Press, Oxford, 1945.
5. Szabó, Z. G., Fortschritte in der Kinetik der homogenen Gasreaktionen, Verlag Steinkopff, Darmstadt, 1960.
6. Steacie, W. R., Atomic and Free Radical Reactions, Reinhold Publishing Corp. (New York), 1954.
7. Skrabal, A., Die chemische Reaktion, Band V., Homogenkinetik, Verlag Steinkopff, Darmstadt, 1941.
8. Küchler, L., Polymerisationskinetik, Verlag Springer, Berlin 1951.

II. Phänomenologische Beschreibung und allgemeine Diskussion von Reaktionsmechanismen

1. Begriff der Reaktionsordnung

Beim Ablauf einer chemischen Reaktion unterscheidet man zwischen *Ausgangssubstanzen* und *Endprodukten*. In I, 2 (1) sind z. B. H_2 und O_2 die Ausgangssubstanzen, H_2O das Endprodukt. Die in der Reaktionsgleichung vorkommenden Stoffe bezeichnet man als *Reaktionspartner* oder *Reaktionsteilnehmer*.

Die *Reaktionsgeschwindigkeit* (*RG*) kann man definieren als Änderung der Zahl der Moleküle (N) eines Reaktionsteilnehmers mit der Zeit.

$$RG = dN/dt$$

Ist diese Änderung für einen der Reaktionspartner bekannt, so läßt sie sich für den anderen aus den stöchiometrischen Beziehungen berechnen. So ist z. B. für den in I, 2 (1) dargestellten Vorgang der Wasserbildung

$$dN_{H_2}/dt = 2dN_{O_2}/dt$$

Für die zahlenmäßige Angabe der Geschwindigkeit benützt man meist eine der Molekülzahl N proportionale Größe, die bei der Ausführung der Untersuchung als der sich ändernde Parameter gemessen wird, so z. B. die Konzentration in mol/liter, den Partialdruck in torr oder auch die bei der Analyse verbrauchten ml Titrierflüssigkeit. Eine laboratoriumsmäßig günstige Zeit ist die Minute, doch kommen als Zeiteinheit auch Sekunden, Stunden, Tage und Jahre vor. Bei Vergleich verschiedener in der Literatur angegebener Reaktionsgeschwindigkeiten (*RG*) ist daher stets auf die Einheit zu achten, in der die Werte angegeben sind.

Die Reaktionskinetik befaßt sich zunächst mit der Beantwortung der Frage, welche physikalischen Größen die Geschwindigkeit des Ablaufes einer Reaktion beeinflussen und welche funktionellen Zusammenhänge zwischen der *RG* und diesen physikalischen Größen bestehen. In erster Linie handelt es sich hierbei um die Abhängigkeit von der *Konzentration* der Reaktionsteilnehmer und von der *Temperatur*. Für ein abgeschlossenes System gilt:

$$RG = f(x, T) \tag{1}$$

bzw.

$$RG = f(p_x, T) \tag{2}$$

wobei x für alle vorkommenden Konzentrationen [X], z. B. $[H_2]$, $[O_2]$, $[H_2O]$, und p_x für alle vorkommenden Drucke, z. B. p_{H_2}, p_{O_2}, p_{H_2O}, steht.

Arbeiten wir bei konstanter Temperatur, so ist

$$RG = f(x) \text{ bzw. } RG = f(p_x). \qquad (3) \text{ bzw. } (4)$$

Die erste Aufgabe einer kinetischen Untersuchung besteht nun darin, durch systematische Variation der Konzentrationen aller Reaktionsteilnehmer die Abhängigkeit der Geschwindigkeit von diesen Konzentrationen zu ermitteln. Dabei muß die Temperatur innerhalb des gesamten Reaktionsraumes sorgfältig konstant gehalten werden, da kleine Temperaturänderungen die Ergebnisse stark verfälschen können. Es wird zunächst die Konzentration (x) eines Reaktionsteilnehmers variiert (während die Konzentration der übrigen Reaktionsteilnehmer nach Möglichkeit konstant gehalten wird) und der Umsatz im Verlauf kleiner Zeitintervalle bestimmt. Die Meßergebnisse lassen sich dann in der Form darstellen:

$$-dx/dt = k \cdot x^n \tag{5}$$

wobei das Minuszeichen bedeutet, daß der Stoff X bei der Reaktion verbraucht wird. Man nennt nun n die *Ordnung* der Reaktion und k die *Geschwindigkeitskonstante* oder den *Geschwindigkeitskoeffizienten.* Die letztere Bezeichnung ist, obgleich nicht allgemein gebräuchlich, günstiger, weil die ermittelten „Konstanten" sehr oft nicht konstant sind. In der angelsächsischen Literatur wird k meist als „specific rate constant" bezeichnet.

Verläuft die Reaktion unter den gewählten Bedingungen bis zum praktisch vollständigen Verbrauch von X, so spricht man von einer *vollständig* verlaufenen Reaktion. Sie ist nach dem eingangs Gesagten natürlich nur möglich, wenn im Gleichgewicht lediglich verschwindend kleine Mengen von X vorhanden sind, was z. B. für die Wasserbildung bei niedrigen Temperaturen zutreffen würde. x wäre dann die Wasserstoffkonzentration oder die Sauerstoffkonzentration. Liegt das Gleichgewicht bei meßbaren Konzentrationen der Ausgangssubstanz, so kann die Reaktion nur *unvollständig* verlaufen. In der Geschwindigkeitsgleichung hat man dann die Gegenreaktion zu berücksichtigen:

$$dx/dt = RG_{Hinreaktion} - RG_{Rückreaktion} \tag{6}$$

Im Gleichgewicht ist $dx/dt = 0$.

Ist $n = 1, 2, 3$ usf., so spricht man von einer Reaktion 1. Ordnung, 2. Ordnung, 3. Ordnung usw. Wenn mehrere Reaktionsteilnehmer vorhanden sind, deren Konzentrationen mit x_1, x_2, x_3 bezeichnet seien, so können alle diese Konzentrationen in der Geschwindigkeitsgleichung, und zwar in beliebigen Potenzen, vorkommen. So z. B.:

$$-dx_1/dt = k \cdot x_1{}^n \cdot x_2{}^p \cdot x_3{}^q \tag{7}$$

wobei man die Reaktion als n-ter Ordnung nach X_1, p-ter Ordnung nach X_2 und q-ter Ordnung nach X_3 bezeichnet. $n + p + q = r$ ist dann definitionsgemäß die *Gesamtordnung der Reaktion.* Diese kann man z. B. leicht dadurch ermitteln, daß man bei konstant gehaltener prozentualer Zusammensetzung des Reaktionsgemisches den Gesamtdruck variiert. Die Änderung der Reaktionsgeschwindigkeit ist dann proportional der r-ten Potenz des Druckes.

Beispiel: Die photochemische Vereinigung von Wasserstoff und Chlor:

$$H_2 + Cl_2 = 2\,HCl \tag{8}$$

verläuft bei Gegenwart von Sauerstoff nach dem Geschwindigkeitsgesetz

$$\frac{d[HCl]}{dt} = k \cdot \frac{[Cl_2]^2}{[O_2]} \tag{9}$$

Die Reaktion ist also nullter Ordnung nach H_2 und HCl, zweiter Ordnung nach Cl_2, minus erster Ordnung nach O_2. Die Gesamtordnung ist $2 - 1 = 1$.

Wir haben die Geschwindigkeitsgleichung in der Form geschrieben:

$$dx_1/dt = f(x_1, x_2, x_3 \ldots), \tag{10}$$

d. h. den Differentialquotienten der Konzentration eines Reaktionspartners nach der Zeit als eine Funktion der Konzentrationen aller im Gemisch vorliegenden Komponenten ausgedrückt. Die Komponenten mit den Konzentrationen $x_2, x_3 \ldots$ sind nun entweder Beimengungen, die zwar die Geschwindigkeit beeinflussen, aber in die Reaktionsgleichung nicht eingehen [wie O_2 in (9)], und daher konstant, oder sie werden durch die Reaktion gebildet bzw. verbraucht [wie Cl_2 in (9)]. In letzterem Falle lassen sie sich infolge der bestehenden stöchiometrischen Beziehungen als Funktionen jedes beliebigen anderen Reaktionsteilnehmers ausdrücken. Wir haben also bei einer Gleichung der Form (10) nur eine einzige Variable und können über diese integrieren. Setzen wir in Beispiel (9) $[HCl] = x_1$, $[Cl_2] = x_2$, $[O_2] = x_3$ und bezeichnen wir die Anfangskonzentration des Chlors mit a, so ist $x_2 = a - \frac{x_1}{2}$ und wir können, indem wir das konstante x_3 in den Geschwindigkeitskoeffizienten einbeziehen, statt (9) schreiben:

$$\frac{dx_1}{dt} = k'\left(a - \frac{x_1}{2}\right)^2 \tag{11}$$

also eine Gleichung, die leicht zu integrieren ist. Das Integral zwischen 0 und x_1 bzw. 0 und t lautet dann:

$$\frac{1}{\left(a - \frac{x_1}{2}\right)} = \frac{k'}{2}t + \frac{1}{a} \tag{12}$$

Die genaue Bestimmung der Reaktionsordnung in bezug auf alle die Geschwindigkeitsformel beeinflussenden Konzentrationen bringt uns zwei Vorteile:

Erstens erhält man damit eine charakteristische Größe, den Geschwindigkeitskoeffizienten k, der nicht mehr von den zufällig bei einer bestimmten Messung vorliegenden Konzentrationen abhängt. Man kann die Größe k als „Normalgeschwindigkeit" auffassen, nämlich als Reaktionsgeschwindigkeit für den Fall, daß alle Konzentrationen den Wert 1 haben.

Zweitens kann man nun die Reaktionsgeschwindigkeit als Funktion von Konzentrationen (Drucken) ausdrücken und erhält so eine Geschwindigkeitsgleichung, die weitere Schlüsse auf den Mechanismus zuläßt. Wie man von der Geschwindigkeitsgleichung zum Reaktionsschema gelangt, wird in späteren Kapiteln (S. 26ff.) gezeigt werden. Ein mit der Gleichung in Einklang befindliches Reaktionsschema ist aber zunächst nur plausibel und bedarf noch durch zusätzliche Feststellungen, z. B. den Nachweis postulierter Zwischenkörper, einer Erhärtung. Es besitzt stets nur einen mehr oder minder großen Grad von Wahrscheinlichkeit.

2. Diskussion einfacher Reaktionsordnungen

Nullte Ordnung. Die nullte Ordnung ist definiert durch die Geschwindigkeitsgleichung

$$-dx/dt = k \tag{1}$$

Die Integration dieser Gleichung zwischen den Grenzen 0 und t für die Zeit und x_0 und x_t für die Konzentration führt auf die einfache Beziehung

$$x_0 - x_t = kt, \tag{2}$$

d. h. der Umsatz $(x_0 - x_t)$ ist der Zeit proportional.

Wird diese Ordnung bei einer Gasreaktion angetroffen, dann ist anzunehmen, daß die Reaktion als Wandreaktion verläuft, und zwar in einer Adsorptionsschicht, bei der bereits die maximale Belegung erreicht ist. Dann ändert sich die Zahl der adsorbierten Moleküle auch bei Erhöhung des Druckes nicht mehr. Bei komplizierten Reaktionen mit mehreren Reaktionsteilnehmern kann aber sehr wohl nullte Ordnung nach einem Reaktionspartner auftreten, wie wir dies bereits im vorigen Abschnitt II_1 (S. 8) in dem in (9) gegebenen Beispiel der Vereinigung von Wasserstoff und Chlor gesehen haben.

Daß ein gewünschtes Endprodukt C stets mit konstanter Geschwindigkeit anfällt, kann man dadurch erzielen, daß man alle Konzentrationen, die in die Geschwindigkeitsformel eingehen, künstlich konstant hält. Ein Beispiel hierfür ist in **Abbildung II, 1** gegeben.

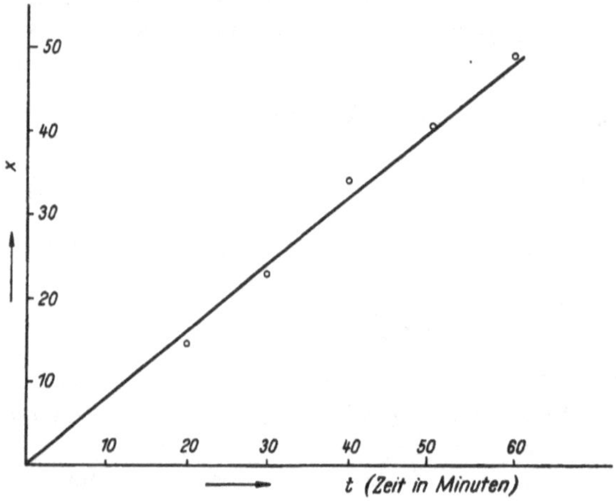

Abb. II, 1: Umsatz-Zeit-Diagramm für eine Reaktion nullter Ordnung

Erste Ordnung. Für die erste Ordnung lautet die Differentialgleichung

$$-\,dx/dt = kx \tag{3}$$

und entsprechend die integrierte Form (wenn a der Wert von x bei $t = 0$ ist)

$$\ln\frac{x}{a} = -\,kt \tag{4}$$

oder als Exponentialfunktion geschrieben:

$$x = a \cdot e^{-kt} \tag{5}$$

Für dieses Gesetz stellt der radioaktive Zerfall das ideale Beispiel dar. Aber auch sehr viele chemische Gasreaktionen verlaufen nach dieser Gleichung. Als Beispiele mögen angeführt sein: der thermische Zerfall von Nitrosylchlorid (SCHUMACHER), von Stickoxydul (HINSHELWOOD, VOLMER) und von Stickstoffpentoxyd. Die letztere Reaktion wurde von DANIELS und JOHNSTON bis herab zu Drucken von $^1/_{10}$ mm Hg untersucht (vgl. **Abb. II, 2**). Auch viele organische Moleküle — Äther, Alkohole, Aldehyde — zerfallen nach erster Ordnung, z. B. die von KISTIAKOWSKY untersuchte Reaktion des Zerfalles von tertiärem Butylalkohol:

$$-\,d[(CH_3)_3COH]/dt = k[(CH_3)_3COH] \tag{6}$$

Bei radioaktiven Stoffen, deren Zerfall exakt nach 1. Ordnung verläuft, wird die Größe $\frac{\ln 2}{k}$ (*Halbwertszeit*) bekanntlich zur Charakterisierung des zerfallenden Atoms verwendet. $\tau = 1/k$ ist die *mittlere Lebensdauer* des zerfallenden Stoffes.

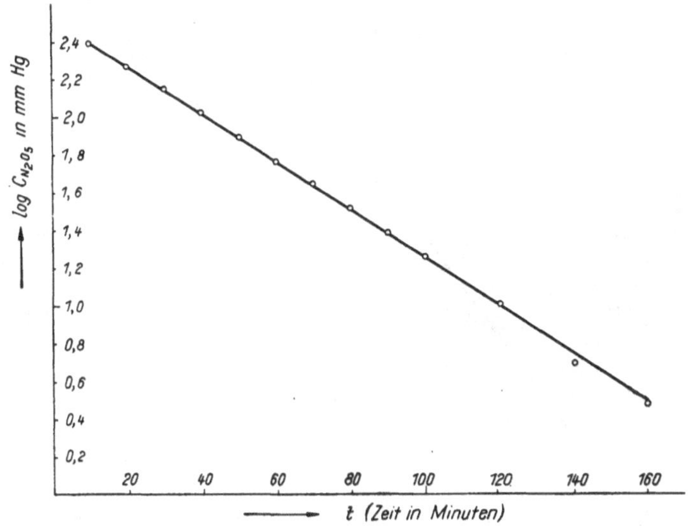

Abb. II, 2: Auftragung des Logarithmus des Ausgangsproduktes gegen die Zeit. Beispiel: Stickstoffpentoxyd-Zerfall nach DANIELS und JOHNSTON [4]

Wird nicht die Abnahme der Ausgangssubstanz, sondern die Zunahme an Reaktionsprodukt messend verfolgt, und bezeichnet man die jeweilige Konzentration des Reaktionsproduktes mit y, so erhält man

$$+ dy/dt = k(a - y) \tag{7}$$

oder integriert:

$$\int_0^y \frac{dy}{(a - y)} = \int_0^t k\,dt \tag{8}$$

$$- \ln (a - y) \Big|_0^y = \ln a - \ln (a - y) = kt \tag{9}$$

$$\ln \frac{a - y}{a} = - kt \tag{10}$$

$$y = a(1 - e^{-kt}) \tag{11}$$

Zweite Ordnung. Für die zweite Ordnung lautet die Differentialgleichung:

$$- dx/dt = kx^2 \tag{12}$$

und die integrierte Form:

$$\frac{1}{x} = \frac{1}{a} + kt \tag{13}$$

Wir haben bereits gesehen, daß die Vereinigung von Chlor und Wasserstoff im Licht nach dieser Gleichung verläuft, wenn man für x die Chlorkonzentration einsetzt [s. II_1 (9)] (**Abb. II, 3**), ferner die Umwandlung von Ortho- in Parawasserstoff bei tiefen Temperaturen:

$$d\,[oH_2]/dt = k\,[oH_2]^2 \tag{14}$$

Bei dieser Reaktion wurde die Kinetik in allen drei Aggregatzuständen, d. h. im festen, flüssigen und gasförmigen Wasserstoff verfolgt (**Abb. II, 4**).

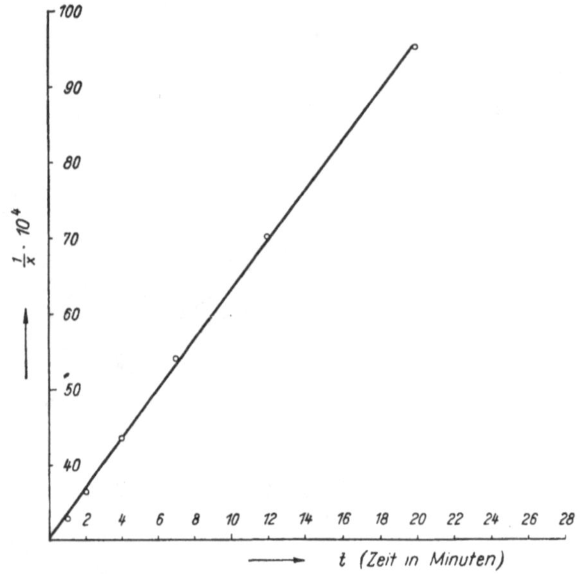

Abb. II, 3: Auftragung des reziproken Chlordruckes gegen die Zeit für die Reaktion $Cl_2 + H_2 \rightarrow 2HCl$ nach Bodenstein und Dux [5] (x in torr)

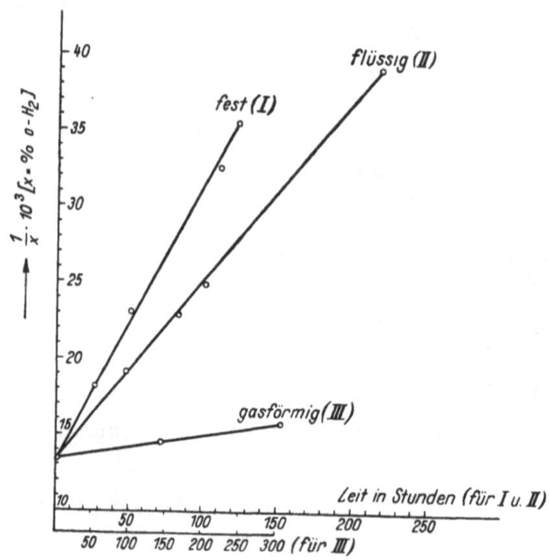

Abb. II, 4: Auftragung der reziproken o-Wasserstoff-Konzentration gegen die Zeit für die o-p-Wasserstoff-Umwandlung im festen, flüssigen und gasförmigen Zustand nach Cremer [8]

Als **Gesamtordnung** kommt auch die zweite Ordnung häufig vor. Das klassische Beispiel hierfür ist die Jodwasserstoffbildung (Bodenstein 1894); auch der Jodwasserstoffzerfall verläuft nach 2. Ordnung:

$$+\,d[HJ]/dt = k[H_2]\,[J_2] \tag{15}$$

$$-\,d[HJ]/dt = k'\,[HJ]^2 \tag{16}$$

Drücken wir wieder $[H_2]$ und $[J_2]$ als Funktionen von $[HJ] = y$ aus, so erhalten wir, wenn die Anfangskonzentration von H_2 mit a, die von Jod mit b bezeichnet wird:

$$+ dy/dt = k(a - y)(b - y) \tag{17}$$

$$- dy/dt = k' y^2 \tag{18}$$

Im Intervall zwischen 300 und 500° C verlaufen beide Reaktionen mit gut meßbarer Geschwindigkeit. Wir haben hier eine „unvollständig" verlaufende Reaktion, deren Bruttogeschwindigkeit der Differenz von Hin- und Rückreaktion entspricht:

$$dy/dt = k(a - y)(b - y) - k' y^2 \tag{19}$$

Eine Zusammenstellung verschiedener Differential- und Integralformen für häufig vorkommende Ordnungen und für den allgemeinen Fall einer n-ten Ordnung finden sich in **Tabelle II, 1.** n kann auch nicht-ganzzahlig sein. Dann spricht man von einer „gebrochenen" Ordnung. Die letzte Spalte der Tabelle enthält den Ausdruck für die Zeit, bei der der halbe Umsatz erreicht wurde.

Tab. II, 1. Geschwindigkeitsgleichung, integrierte Form, Dimension der Geschwindigkeitskonstante und Halbwertszeit für einfache Zerfallsreaktionen

Ordnung	Geschwindigkeitsgleichung	Integrierte Form	Dimension von k	Halbwertszeit
0	$-dx/dt = k_0$	$a - x = k_0 t$	$\frac{[\text{Konz}]}{[\text{Zeit}]}$	$\frac{a}{2k_0}$
1	$-dx/dt = k_1 x$	$\ln \frac{x}{a} = -k_1 t$	$\frac{1}{[\text{Zeit}]}$	$\frac{\ln 2}{k_1}$
2	$-dx/dt = k_2 x^2$	$\frac{1}{x} - \frac{1}{a} = k_2 t$	$\frac{1}{[\text{Konz}] \cdot [\text{Zeit}]}$	$\frac{1}{a k_2}$
½	$-dx/dt = k_{1/2} \sqrt{x}$	$\sqrt{a} - \sqrt{x} = \frac{k_{1/2} t}{2}$	$\frac{[\text{Konz}]^{1/2}}{[\text{Zeit}]}$	$\frac{\sqrt{a}(2 - \sqrt{2})}{k_{1/2}}$
$n \neq 1$	$-dx/dt = k_n x^n$	$\frac{1}{1-n}(a^{1-n} - x^{1-n}) = k_n t$	$\frac{[\text{Konz}]^{1-n}}{[\text{Zeit}]}$	$\frac{a^{1-n}}{(1-n) k_n}\left(1 - \left(\frac{1}{2}\right)^{1-n}\right)$

Die Bezeichnungen „monomolekular", „bimolekular" usw. wurden ursprünglich als Synonyma für 1., 2. ... Ordnung verwendet. Man pflegt jedoch in der neueren Literatur von einer monomolekularen Reaktion nur dann zu sprechen, wenn für den Vollzug eines einzelnen Reaktionsschrittes nur ein Molekül notwendig ist, von einer bimolekularen Reaktion dann, wenn man dazu zwei Moleküle braucht usw., während man unter der Ordnung — wie oben dargelegt — die Potenz versteht, mit der eine bestimmte Konzentration in die Bruttogeschwindigkeitsgleichung eingeht. Die Ordnung einer Reaktion kann man empirisch bestimmen, während sich die Aussage über die Molekularität auf die theoretische Deutung des Vorganges bezieht. Trimolekulare Gasreaktionen sind bereits selten, höhermolekulare so unwahrscheinlich, daß sie praktisch nicht vorkommen.

3. Meßanordnungen zur Bestimmung des zeitlichen Verlaufes einer Reaktion

Das Gefäß, in dem man die Gasreaktion untersucht, soll so dimensioniert sein, daß das Verhältnis der Stöße im Volumen zu den Stößen auf die Wand möglichst groß ist. Es sollte daher die Form einer Kugel (oder einer Walze mit großem

Durchmesser) besitzen. Um sich davon zu überzeugen, daß man sicher eine Gasreaktion und nicht eine heterogene Reaktion an der Wand mißt, vergrößert man in einem Kontrollversuch die Wandfläche, indem man das Gefäß mit Scherben des Wandmaterials füllt. Beeinflußt dies die Reaktionsgeschwindigkeit nicht bzw. nicht wesentlich, so darf man im allgemeinen annehmen, daß eine reine Gasreaktion vorliegt. Bei Kettenreaktionen (vgl. S. 25f.) ist es allerdings möglich, daß sowohl Start wie Abbruch der Reaktion an der Wand erfolgen und sich der Wandeinfluß in der Bruttogeschwindigkeit heraushebt. Ein völlig wandloses Arbeiten, wie man es durch Verwendung von Molekularstrahlen erreichen kann, wäre natürlich das beste, doch ließ sich eine solche Anordnung bisher nur in wenigen Fällen realisieren.

Ein weiterer wichtiger Punkt ist die Konstanthaltung der Temperatur. Man benötigt also einen guten Thermostaten, der möglichst den ganzen Reaktionsraum umhüllen soll.

Herausragende Teile, die sich auf tieferer Temperatur befinden, sind „totes Volumen", in dem keine Reaktion stattfindet. Sind solche Teile vorhanden, so muß man berücksichtigen, daß ein gewisser Prozentsatz des reaktionsfähigen Gases sich nicht an der Reaktion beteiligt. Hat man z. B. 5% totes Volumen, so kommt die Reaktion schon zum Stillstand, wenn 95% der Eingabe umgesetzt sind. Man muß dann diesen Ausfall in Rechnung setzen, was leicht möglich ist, wenn man den Diffusionsausgleich zwischen totem Volumen und Reaktionsraum vernachlässigen kann. Dies ist aber bei Gasreaktionen im allgemeinen nicht der Fall. Ein Wasserstoffmolekül legt z. B. einen mittleren Diffusionsweg von 1 cm pro Sekunde zurück und etwa 8 cm in der Minute. Man muß also diesen Diffusionsausgleich auch in Rechnung setzen. Da aber solche Berechnungen mühsam und wegen möglicher Störungen (z. B. Konvektion) auch unsicher sind, sollte das tote Volumen möglichst klein gehalten werden, sonst erhält man verfälschte Konstanten oder einen „Gang", der rein apparative Ursachen hat.

Als Meßtemperatur wählt man diejenige Temperatur, bei der die Reaktion mit bequem meßbarer Geschwindigkeit verläuft. Günstige Meßzeiten sind Minuten bis Stunden. Auf keinen Fall darf die Reaktion so schnell ablaufen, daß durch die positiven oder negativen Wärmetönungen der Reaktion Überhitzungen oder Unterkühlungen im Reaktionsraum auftreten und die Temperaturkonstanz nicht mehr gewährleistet ist.

Schließlich muß die Meßanordnung gestatten, den Verlauf der Reaktion zu verfolgen, ohne die Reaktionsbedingungen zu stören.

Bei Reaktionen, die unter Druckänderung verlaufen, ist es gebräuchlich, den Umsatz durch Verfolgung der Druckänderung zu messen. Dabei ändert sich allerdings der Gesamtdruck und man muß sich durch Variation des Druckes davon überzeugen, daß dies keinen Einfluß auf die Reaktionsgeschwindigkeit hat. Wird eine Abhängigkeit vom Gesamtdruck festgestellt, so muß man dies in Rechnung setzen oder das Volumen des Reaktionsraumes variabel machen, so daß man statt der Druckerhöhung die Volumerhöhung bei konstantem Druck messen kann. Doch erfordert dies größeren experimentellen Aufwand.

Ein Beispiel einer Anordnung zur Messung einer Reaktion, die mit Druckerhöhung vor sich geht, ist in **Abb. II, 5** gegeben. Als Druckmeßgerät ist hier ein Quarzspiralmanometer verwendet. Dieses von BODENSTEIN konstruierte Gerät, das nach dem Prinzip eines Aneroidbarometers arbeitet, hat folgende Vorteile: Sein totes Volumen ist sehr klein und unabhängig vom Druck. Es ist gegen alle Gase (außer Fluorwasserstoff) chemisch resistent. Es kann auf Reaktionstemperatur und auch darüber erhitzt werden, was insbesondere wichtig ist, wenn man Stoffe untersucht, die bei Zimmertemperatur kondensieren. Das Gerät kann auch zu Reinigungszwecken bei hohen Temperaturen ausgeheizt werden. Das häufig verwendete Quecksilbermanometer hat dagegen einen großen und mit dem Druck variablen toten Raum. Die Sperrflüssigkeit reagiert leicht mit Gasen, wie z. B. mit Halogenen, und das Manometer kann nicht ausgeheizt werden, ohne daß störender Hg-Dampf in das Reaktionsgefäß gelangt[1]).

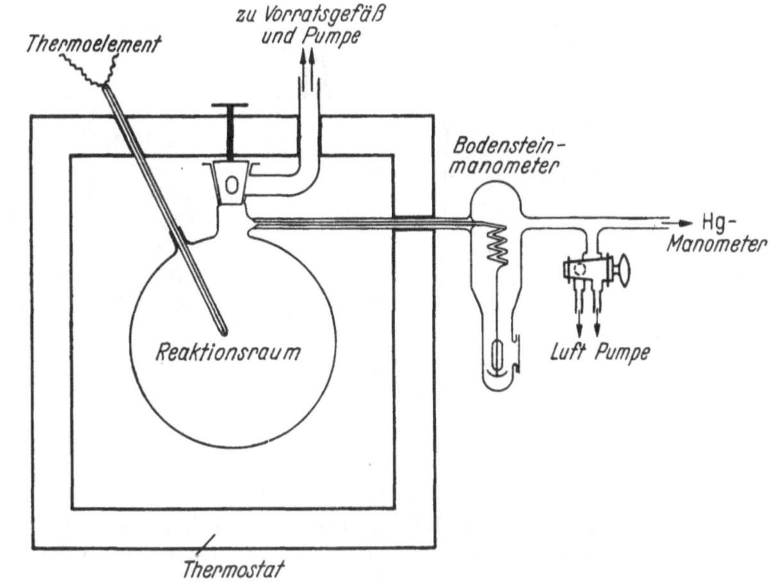

Abb. II, 5: Meßanordnung für eine Gasreaktion, die mit Druckänderung vor sich geht

Aus der Verfolgung des Druckes mit der Zeit erhält man nach einfachen, durch die Stöchiometrie der Reaktion gegebenen Beziehungen die Umsatz/Zeit-Kurve.

Verläuft die Reaktion ohne Druckänderung, so muß man den Fortschritt der Reaktion in anderer Weise feststellen. Man kann dies z. B. durch gelegentliche Abnahme von Gasproben bewerkstelligen.

Abbildung II, 6 zeigt eine Anordnung, bei der eine solche Probenabnahme durch ein mit Schliff angesetztes Analysengefäß vorgesehen ist. Es ist natürlich günstig, wenn die abgenommene Probe möglichst klein ist, so daß die Konzentrationen im Reaktionsgefäß durch die Probenabnahme nicht verändert werden. Es ist also vorteilhaft, eine Mikroanalysenmethode zu benützen. Hierfür ist besonders die Gas-Chromatographie geeignet, bei der Kubikmillimeter genügen, um eine exakte Analyse durchzuführen. Schon die Menge, die sich in der Bohrung eines Vakuumhahnes befindet, kann als ausreichend erachtet werden. Bei Arbeiten unter Atmosphärendruck und bei niederen Temperaturen hat sich die Anbringung eines Ansatzes mit einem Serumkappenverschluß als günstig erwiesen, durch den man mit Hilfe einer Injektionsspritze leicht kleine Gasproben entnehmen kann.

Für das Verschließen und Öffnen des Reaktionsgefäßes benützt man meist Vakuumhähne. Doch bringt das hierzu notwendige Hahnfett oft unerwünschte Verunreinigungen in den Reaktionsraum, insbesondere, wenn man mit aggressiven Gasen arbeitet.

In Abbildung II, 6 ist (unter *V*) ein Verschluß angegeben, der sich beim Arbeiten mit Chlor bewährt hat. Die *U*-förmige Kapillare ist mit flüssiger Luft gekühlt. Dabei wird das Chlor in der

---

[1]) Zuweilen stört Hg-Dampf auch schon bei Zimmertemperatur.

Kapillare fest und bildet einen dichten Verschluß gegen die Chlorbombe. Zum Chloreinlaß muß dann nur das Dewargefäß mit flüssiger Luft für kurze Zeit entfernt werden.

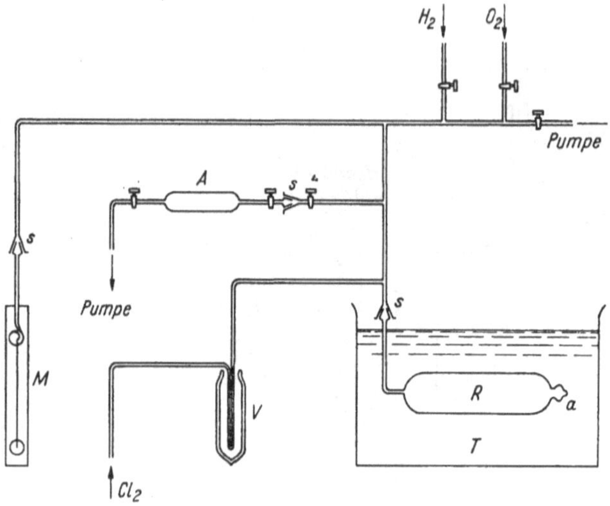

Abb. II, 6: Meßanordnung für eine Gasreaktion, die ohne Druckänderung vor sich geht (nach BODENSTEIN und CREMER [7])

R = Reaktionsgefäß
A = Analysengefäß
T = Temperaturbad
M = BODENSTEINmanometer
V = Ausfrierventil für Chlor
a = Ansatz zur Einführung eines Trockenmittels
s = Schliff

Abbildung II, 7 zeigt ein ebenfalls von BODENSTEIN konstruiertes Quarzventil, das ganz fettfrei arbeitet und bei hoher Temperatur ausgeheizt werden kann. Der Verschluß V besteht darin, daß eine Quarzkugel durch eine starke Feder in einen Quarzkonus gepreßt wird. Das Spiel für das Öffnen und Schließen des Ventils ist durch die tombakschlauchartige Verarbeitung des Quarzmantels gewährleistet.

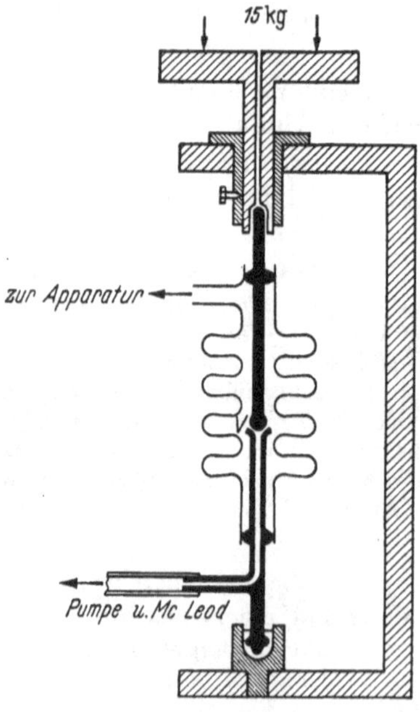

Die beste Gewähr für einen einwandfrei sauberen Abschluß eines Gefäßes bildet das Abschmelzen. Wenn die Abschmelzstellen in engen Kapillaren liegen, so ist der durch das Erwärmen beim Abschmelzen verursachte Umsatz vernachlässigbar klein. Auch explosive Gemische reagieren nicht nennenswert während des Abschmelzvorganges, weil die Wand der engen Kapillare explosionshemmend wirkt.

Abb. II, 7: Quarzventil nach BODENSTEIN [17]

Abbildung II, 8 zeigt eine Anordnung zur Füllung solcher Gefäße, wie sie von BODENSTEIN angegeben wurde. Die durch Kapillaren verbundenen „Kaninchen“ werden längere Zeit mit dem Reaktionsgemisch durchspült unter Bedingungen, bei denen keine Reaktion stattfindet. Nach einer Durchspülzeit von einigen Stunden kann man annehmen, daß sich in allen Gefäßen ein Gemisch gleicher Zusammensetzung befindet. Die Kapillaren werden dann abgeschmolzen, die einzelnen Kaninchen durch Einbringen in einen Thermostaten (oder durch Belichten) verschieden lange Zeiten zur Reaktion gebracht. Die Analyse kann dann durch Aufbrechen der Kapillaren unter einer Titrierflüssigkeit (zur Chlorbestimmung z. B. Jodkaliumlösung) durchgeführt werden. Jede Analyse eines Kaninchens gibt einen Punkt in der Umsatz/Zeit-Kurve.

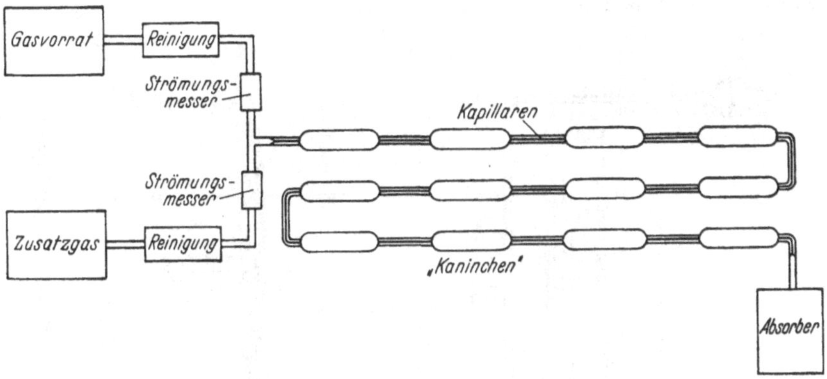

Abb. II, 8: Anordnung zur gleichmäßigen Füllung einer Serie von Glasgefäßen, die durch Abschmelzen der Kapillaren getrennt werden können (nach BODENSTEIN [7])

Für das Wiederöffnen eines zugeschmolzenen Gefäßes kann man sogenannte „Zerschlageventile“ anbringen, bei denen eine dünne Glaswand durch einen Bolzen zerschlagen wird. Letzterer hat am besten einen Eisenkern und wird dann von außen durch einen Magneten bewegt.

Bei abgeschlossenen Systemen ändern sich meist mit fortschreitender Reaktion alle Konzentrationen im Gemisch, die der Ausgangsstoffe ebenso wie die der Endprodukte. Da aber alle anwesenden Stoffe die Reaktionsgeschwindigkeit beeinflussen können, ist immer zu empfehlen, Versuche durchzuführen, bei denen jeweils nur die Konzentration einer Komponente variiert wird und alle übrigen Konzentrationen konstant gehalten werden. Eine konstante mittlere Konzentration aller Reaktionsteilnehmer kann man erzielen, wenn man ein Gasgemisch durch einen Reaktionsraum strömen läßt, in dem während der Zeit des Aufenthalts der Gase in der Reaktionszone nur ein relativ geringer Umsatz stattfindet. Um in diesem Falle die Ausgangskonzentrationen zu variieren, ändert man die Strömungsbedingungen für die einzelnen Ausgangsgase oder setzt evtl. zur Verdünnung ein inertes Gas zu, wobei stets besonders zu prüfen ist, ob nicht auch Gase, die in die Stöchiometrie der Reaktion nicht eingehen, Einfluß auf die Kinetik ausüben.

Eine Apparatur, die nach diesem Prinzip arbeitet, ist in **Abbildung II, 9** gegeben. Auch sie wurde für die Untersuchung der Chlorknallgasreaktion verwendet, wobei gleichzeitig die Zahl der absorbierten Quanten gemessen bzw. die Chlorkonzentration aus der Absorption ermittelt werden konnte.

Die bei der Versuchsanordnung der **Abbildung II, 9** verwendete Messung der Lichtabsorption ist eine physikalische Methode, um die Konzentration eines Reaktionspartners ohne Eingriff in das System zu bestimmen. Auch Messungen im *UV* und *UR*, sowie die Bestimmung der Wärmeleitfähigkeit des Gemisches können mit Erfolg bei reaktionskinetischen Messungen angewendet werden.

NORRISH und PORTER [15] entwickelten in jüngerer Zeit die besonders erfolgreiche Methode der „Blitzbestrahlung". Durch einen mit hoher Spannung erzeugten „Blitz" werden dem Reaktionsgemisch 10^{21} Quanten in 10^{-6} Sekunden angeboten. Die Lichtabsorption des Gases kann dann durch schwächere Blitze in Abständen von 10^{-4} sec. photographisch registriert werden. Bei der Belichtung eines Gemisches von Chlor und Sauerstoff konnten auf diese Weise z. B. kurzlebige Radikale wie ClO und Cl—O—O nachgewiesen werden.

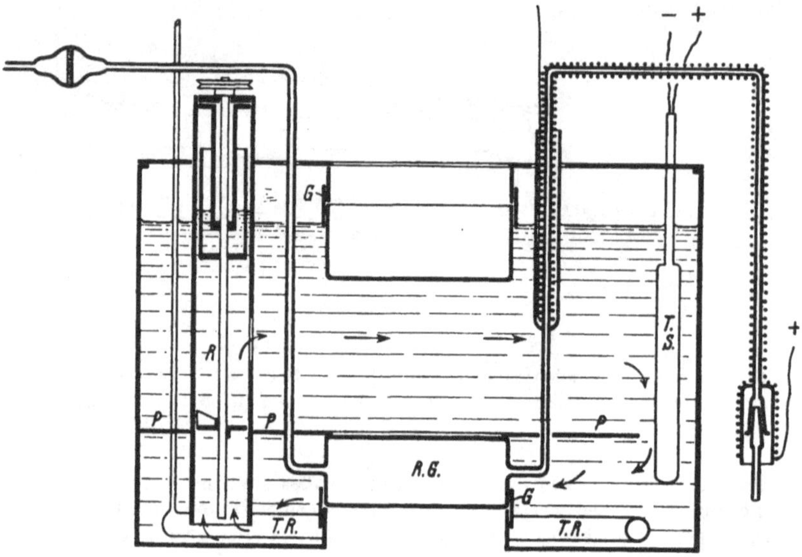

Abb. II, 9: Meßanordnung für strömende Gase (nach BODENSTEIN und SCHENK [6]) *R.G.* = Reaktionsgefäß, *T.S.* = Tauchsieder zur Erwärmung des Temperaturbades, *T.R.* = Thermoregulator, *R.* = Rührer, *G.* = Glasplatte

H. SCHÜLER und Mitarbeiter [16] haben eine neuartige Methode für reaktionskinetische Untersuchungen an organischen Substanzen in der positiven Niederdrucksäule von Gasentladungen entwickelt. Hierbei erfolgt durch Elektronenstoß eine primäre Anregung „isolierter" Moleküle unterhalb der Ionisierungsenergie. In der Entladung treten außer den Spektren der Moleküle auch solche von Dissoziationsprodukten (Radikalen) sowohl in Emission wie in Absorption auf. Diese Methode ist, da in der Gasphase gearbeitet wird, frei von allen Lösungsmitteleinflüssen und läßt gerade solche erkennen beim Vergleich mit flüssigen oder festen Lösungen derselben Substanz. Mit ihr gelang u. a. der Nachweis, daß aus Toluol zunächst das Benzylradikal $C_6H_5CH_2$ entsteht und in einem nächsten Schritt durch Dimerisation des Benzyls das Dibenzyl. Beim Benzol konnte der Abbau über C_6H_5 bis zu dem Biradikal C_6H_4 (Dehydrobenzol) und die anschließende Dimerisation zu Diphenyl bzw. Diphenylen sichergestellt werden.

4. Bestimmung der Reaktionsordnung aus den Meßdaten

a) Bestimmung aus dem Differenzenquotienten

Die Meßdaten werden zweckmäßig in einer Tabelle zusammengestellt (s. **Tab. II, 2**).

Tab. II, 2. Schema für die Zusammenstellung der Meßdaten

Meßpunkt Nr.	Zeit Δt	Partialdruck der Komponente X in Torr	Druckdifferenz Δp_x	Mittlerer Druck $\bar{p}_x$
1	0	500		
			40	480
2	5	460		
			34	443
3	15	426		
			:	:
:	:	:		
			:	:
:	:	:		

Man kann die Reaktionsordnung durch Auswerten von je zwei nebeneinander liegenden Meßpunkten „von Punkt zu Punkt" bestimmen. Man legt hierzu die Differentialgleichungen für die verschiedenen Ordnungen zugrunde und setzt statt der unendlich kleinen Änderungen dx (dt) die endlichen Änderungen Δx (Δt). Löst man die Gleichungen für die nullte, erste und zweite Ordnung nach k auf, so erhält man für 0. Ordnung: $k = \frac{\Delta x}{\Delta t}$, für 1. Ordnung: $k = \frac{\Delta x}{\Delta t \bar{x}}$ und für 2. Ordnung: $k = \frac{\Delta x}{\Delta t x^2}$. $\bar{x}$ ist hierbei die mittlere Konzentration der Komponente X in dem betrachteten Konzentrationsintervall. Sind die Intervalle klein, so genügt es, das arithmetische Mittel zu nehmen:

$$\bar{x} = \frac{1}{2}(x_{\text{Anfang}} + x_{\text{Ende}}). \qquad (1)$$

Liegen die Meßdaten als Drucke vor, so kann man sich die Umrechnung in Konzentrationen ersparen und in den obigen Gleichungen Δp_x anstatt Δx und $\bar{p}_x$ anstatt $\bar{x}$ setzen (vgl. **Tab. II, 2**). In die Dimension der Konstanten geht dann [torr] statt [mol] ein.

Die Feststellung der Ordnung ist nur dann vertrauenswürdig, wenn sich bei dieser Auswertung für alle Zeitintervalle und bei einer Variation von x, die möglichst eine Zehnerpotenz und mehr betragen sollte, innerhalb der Fehlergrenze konstante k-Werte ergeben. Es ist besonders darauf zu achten, daß die Werte keinen systematischen Gang zeigen.

Der Mittelwert von k wird als Geschwindigkeitskonstante in der jeweiligen Dimension, z. B. [mol/min] für 0. Ordnung oder [1/sec] für 1. Ordnung angegeben.

Man wird häufig nicht auf Anhieb die richtige Ordnung treffen. Man wird „Konstanten" erhalten, die nicht konstant sind, sondern einen Gang zeigen. Ist x die Konzentration eines Reaktionsteilnehmers, der mit der Zeit verschwindet, so bedeutet ein mit der Zeit fallender k-Wert, daß die benützte Gleichung einer zu niedrigen Ordnung entspricht, ein steigender k-Wert, daß die Ordnung zu hoch gewählt wurde. Fallen die k-Werte bei einer Ordnung und steigen aber bei der nächst höheren an, so liegt die wahre Ordnung dazwischen. Man kann dann versuchen, durch Einführung eines nicht ganzzahligen Wertes für n („gebrochene Ordnung") konstante k-Werte über den ganzen zeitlichen Verlauf der Reaktion zu erhalten.

Wenn x in weiten Grenzen variiert werden kann, läßt sich n auch aus einer der logarithmischen Form in (II_1, 5) entsprechenden Auftragung ermitteln, indem man den log der Geschwindigkeit gegen den log der Konzentration x aufträgt.

$$\log (dx/dt) = n \log x + \log k \qquad (2)$$

und durch die Meßpunkte eine Gerade legt, die die log x-Achse unter dem Winkel φ schneidet. Es ist dann $\operatorname{tg} \varphi = n$.

Zeigt sich die nach ganzzahliger Ordnung berechnete Konstante noch abhängig von der Konzentration der Reaktionsteilnehmer, so erweist es sich oft als zweckmäßig, diese Konzentrationsabhängigkeit durch Einführen additiver Glieder in Rechnung zu setzen, wozu man eine zweite — oder auch dritte — Konstante benötigt.

Tab. II, 3. Auswertung von Meßdaten zur Berechnung von Geschwindigkeitskonstanten. Beispiel: Chlorknallgasreaktion im Licht bei Gegenwart von Sauerstoff (Meßdaten von CREMER)

Vers. Nr.	Zeit-intervall Δt in min	p_{Cl_2} (torr)		Δp_{Cl_2}	$\bar{p}_{Cl_2}$	$p_{Cl_2} \cdot 10^{-2}$	$\bar{p}_{H_2}$	p_{O_2}	$k_B \cdot 10^4$	$k_C \cdot 10^5$
		Anfang	Ende							
6	20	168	114	54	141	200	227	22,2	30	14
10	20	147	110	37	128	163	192	36,3	41	16
8	15	147	121	26	134	178	219	41,1	40	14
7	30	105	83,5	21,5	94	88,5	142	60,7	49	15
9	20	159	141	18	150	225	208	146	59	15

Die Messungen sind in der Reihenfolge steigender Sauerstoffdrucke aufgeführt, die nicht gleich der zeitlichen Reihenfolge der Versuche ist. Es ist

$$k_B = \frac{\Delta p_{Cl_2}}{\Delta t} \cdot \frac{p_{O_2}}{\bar{p}^2_{Cl_2}} \,[\text{min}^{-1}], \quad k_C = k_B \left(0{,}02 + \frac{\bar{p}_{Cl_2}}{\bar{p}_{H_2} \cdot p_{O_2}}\right) [\text{min}^{-1}\,\text{torr}^{-1}]$$

Ein Beispiel aus der Kinetik des Chlorknallgases gibt **Tabelle II, 3**. Die nach der Formel von BODENSTEIN und DUX (II_1, 9) berechneten k_B-Werte steigen mit p_{O_2}. Dieser Gang verschwindet, wenn im Nenner statt p_{O_2} der Ausdruck ($p_{O_2} + 0{,}02\,\bar{p}_{Cl_2}$) eingesetzt wird.

Für die Bevorzugung der Differentialformel an Stelle der Integralformel zur Bestimmung der k-Werte lassen sich die folgenden Gründe anführen:

Die differentielle Form ist der mathematisch einfachere Ausdruck und die physikalische Bedeutung der einzelnen Konstanten ist in der integrierten Form oft nicht mehr leicht zu erkennen. Die Ermittlung der Konstanten ist bei der differentiellen Form meist mit geringerer Rechenarbeit verbunden als bei der integrierten Form.

Die Integration gibt ferner einen über den ganzen Reaktionsverlauf vom Zeitpunkt 0 an gemittelten Wert. Ein evtl. vorhandener Gang der Konstanten kann sich daher der Beobachtung entziehen. Induktionsperioden oder katalytische Wirkungen, die zu Beginn der Reaktion mit großer Wahrscheinlichkeit auftreten, fälschen die Konstante. Kleine Abweichungen in der Geschwindigkeit, besonders am Ende der Reaktion, entgehen der Beobachtung, da die berechnete Konstante mit dem Ballast der bis zum Zeitpunkt der Abweichung normal verlaufenen Reaktion beschwert ist. Hingegen zeigt die „Punkt zu Punkt"-Konstante jede Abweichung sofort an. Allerdings sind die kleinen Konzentrationsdifferenzen Δx mit wesentlich geringerer Genauigkeit zu bestimmen als die Konzentrationen ($\bar{x}$) selbst, so daß die Methode der Differenzenquotienten mit einem größeren relativen Fehler behaftet ist. Dies kann ihren Wert unter Umständen illusorisch machen.

b) Bestimmung aus der integrierten Geschwindigkeitsgleichung

In vielen Fällen, namentlich wenn einfache Geschwindigkeitsgleichungen zu erwarten sind, oder die Beobachtung kleiner Abweichungen im Reaktionsverlauf nicht angestrebt werden soll oder kann, ist die Auswertung nach der integrierten Geschwindigkeitsgleichung vorzuziehen. Hier wählt man mit Vorteil eine graphische Methode.

Man benützt eine Darstellung, bei der — wenn die Reaktion nach der angenommenen Geschwindigkeitsgleichung verläuft — Gerade resultieren müssen. Dies wurde von H. S. TAYLOR auf dem Katalysekongreß in Lyon 1949 sehr treffend durch die Worte charakterisiert: ,,Wir suchen immer nach geraden Linien" (We always seek straight lines).

Ein Blick auf **Tab. II, 1** (S. 13) zeigt, daß folgende Werte gegen die Zeit aufgetragen gerade Linien ergeben müssen:

x gegen t bei 0. Ordnung (vgl. Abb. II, 1, S. 10).

$ln\ x$ gegen t bei 1. Ordnung (vgl. Abb. II, 2, S. 11)

$\frac{1}{x}$ gegen t bei 2. Ordnung (vgl. Abb. II, 3, S. 12)

Da bei allen Auftragungen als eine der Koordinaten die Zeit t auftritt, lassen sich die verschiedenen Auswertungen sehr eindrucksvoll in einem einzigen Diagramm darstellen, dessen Abszisse die Zeit ist und dessen Ordinate für jede Ordnung den jeweils zugehörigen Maßstab besitzt. **Abbildung II, 10** zeigt eine solche Darstellung, wobei auch gebrochene Ordnungen in das Diagramm aufgenommen wurden. Bei der Auftragung, die der wahren Ordnung der Reaktion entspricht, erhält man eine Gerade, während die Auftragung nach zu hohen oder zu niedrigen Ordnungen gekrümmte Linien ergibt.

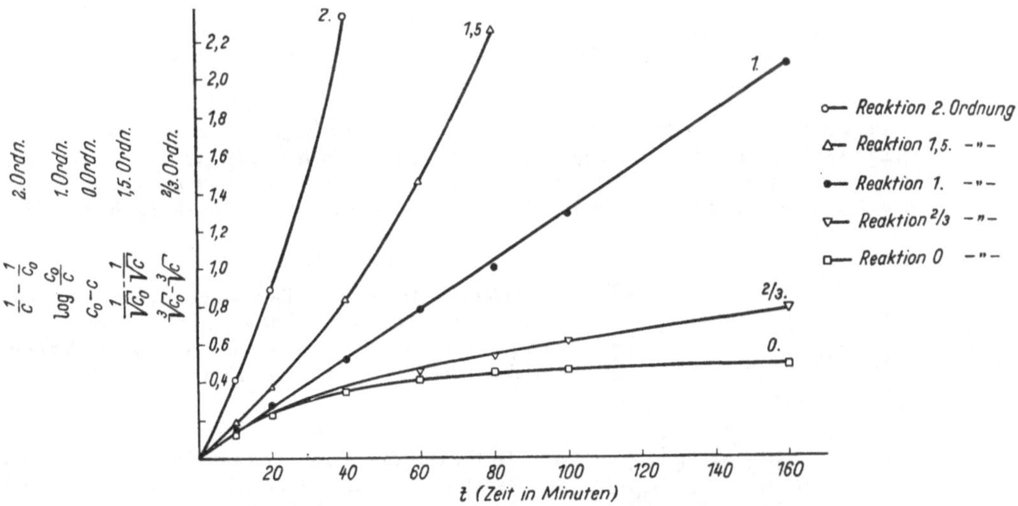

Abb. II, 10: Diagramm zur Ermittlung der Reaktionsordnung. Auf der Abszisse ist die Zeit aufgetragen, auf der Ordinate diejenige Funktion, die bei Gültigkeit der betreffenden Ordnung im Diagramm eine Gerade ergibt.

c) Bestimmung mit Hilfe der Halbwertszeit

Eine schnelle Orientierung über die Ordnung der Reaktion gestattet auch die Bestimmung der Druck- bzw. Konzentrationsabhängigkeit der Dauer des halben Umsatzes. Aus **Tabelle II, 1,** Spalte 5, ist zu ersehen, daß für diese Abhängigkeit die Beziehung gilt:

$$t_{1/2} \sim a^{1-n} \tag{3}$$

Da bei idealen Gasen die Konzentration dem Druck proportional ist, kann man setzen:

$$t_{1/2} \sim p^{1-n} \tag{4}$$

Gleichung (4) gestattet also die Bestimmung von n, wenn für zwei verschiedene Drucke die Halbwertszeit bestimmt wurde. Verläuft die Reaktion nach 1. Ordnung, so ist $t_{1/2}$ druckunabhängig. Hier genügt allein die Angabe der Halbwertszeit für die Berechnung der Geschwindigkeit.

d) Bestimmung aus dimensionslosen Größen

Einem Vorschlag von Powell [10] folgend kann man die Ordnung auch aus der Auftragung dimensionsloser Größen bestimmen, die wie folgt definiert sind:

Relative Konzentration:

$$\alpha = \frac{x}{a} \tag{5}$$

Zeitparameter:

$$\tau = k \cdot a^{n-1}\, t \tag{6}$$

Wie man sich leicht durch Vergleich mit **Tabelle II, 1** überzeugt, gilt für die erste Ordnung

$$\ln \frac{x}{a} = -kt$$

bzw.

$$\ln \alpha = -\tau$$

und für eine n-te Ordnung ($n \neq 1$)

$$\alpha^{1-n} = (n-1) \cdot \tau + 1$$

Da k und n zunächst nicht bekannt sind, kann τ aus den experimentellen Daten nicht berechnet werden. Trägt man aber α gegen $\log t$ auf, so ergibt sich eine Kurve, die in ihrer Form genau der zu der gesuchten Ordnung gehörigen Kurve im $\alpha/\log \tau$-Diagramm entspricht, nur um einen Betrag $-\log ka^{n-1}$ parallel verschoben, da die logarithmierte Gleichung (6) die Form hat:

$$\log \tau = \log t + \log ka^{n-1} \tag{7}$$

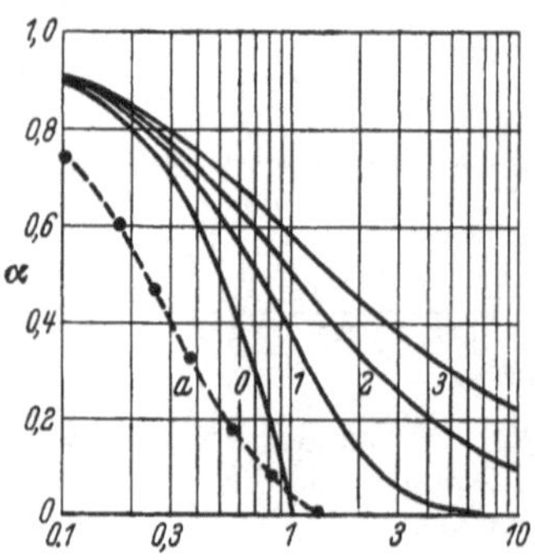

Abbildung II, 11 zeigt die charakteristischen Kurvenverläufe für nullte, erste, zweite und dritte Ordnung sowie eine gemessene $\alpha/\log t$-Kurve, die durch Parallelverhiebung mit der Kurve 1. Ordnung zur Deckung zu bringen ist.

Abb. II, 11: Diagramm nach Powell [10] zur Bestimmung von Reaktionsordnungen. Es wurde bei den Kurven 1, 2, 3 die relative Konzentration x/a gegen eine relative Zeit $k \cdot a^{n-1} t$ aufgetragen, bei der Kurve a die relative Konzentration gegen t. Die Punkte von Kurve a lassen sich durcch Parallelverschiebung mit der Kurve 1 zur Deckung bringen

5. Bestimmung der Temperaturabhängigkeit der Reaktion

Da chemische Reaktionen eine sehr starke Temperaturabhängigkeit zeigen, ist eine Untersuchung der Reaktion bei verschiedenen genau konstant gehaltenen Temperaturen ein wichtiges Erfordernis einer exakten kinetischen Analyse. Diese Untersuchung soll nach Möglichkeit immer vorgenommen werden. Man benützt hierzu dieselbe Anordnung wie für die Bestimmung der Konzentrationsabhängigkeit, wobei der das Reaktionsgefäß umgebende Thermostat für jede Meßreihe auf eine andere Temperatur gebracht wird. Bei jeder Temperatur wird die Konzentrationsabhängigkeit bestimmt. Ergibt sich für alle Temperaturen die gleiche Reaktionsordnung, so läßt sich die Abhängigkeit des Koeffizienten k von der Temperatur nach der von ARRHENIUS angegebenen Gleichung wiedergeben:

$$k = A \cdot e^{-\frac{q}{RT}} \tag{1}$$

Man benötigt also zwei Konstanten, A und q, über deren Bedeutung wir später noch ausführlich zu sprechen haben. Wir führen sie hier ausdrücklich nur als zwei Konstanten ein, die für die *formale* Darstellung genügen. Für A sind verschiedene Bezeichnungen gebräuchlich wie „Frequenzfaktor", „Aktivitätskoeffizient", „Entropiefaktor", denen verschiedene Ausdeutungen zugrunde liegen. Um uns von diesen frei zu halten, wollen wir uns hier einfach der Bezeichnung „*A-Faktor*" bedienen. Dasselbe gilt für die Größe q, die die Dimension einer Energie hat und daher „Aktivierungsenergie" oder „Aktivierungswärme" genannt wird. In der Form, in der wir sie hier einführen, ist sie aber nur ein „*Temperaturinkrement*", das lediglich durch die Beziehung (1) definiert ist.

Die Bestimmung von q geschieht meist graphisch, indem man (1) so umformt, daß die Gleichung einer Geraden resultiert:

$$\log k = \log A - \frac{q}{2{,}3\, RT} \tag{2}$$

Trägt man nun den log des gemessenen k-Wertes gegen $1/T$ auf (ARRHENIUS-Diagramm, **Abbildung II, 12**) und bestimmt den Tangens des Neigungswinkels (φ) der Geraden, so ist das Temperaturinkrement

$$q = 4{,}57 \text{ tg } \varphi \text{ [cal/mol]}$$

Hat man — wie in den beiden letzten Abschnitten dargetan — die Ordnung der Reaktion und für die damit festgelegte Geschwindigkeitskonstante die Temperaturab-

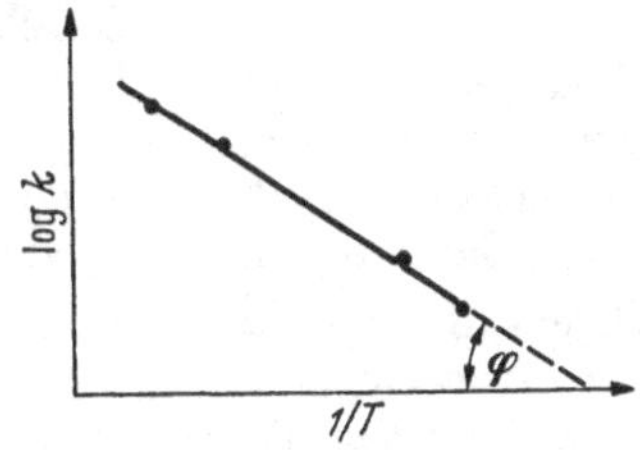

Abb. II, 12: ARRHENIUSsche Auftragung: log k gegen $1/T$

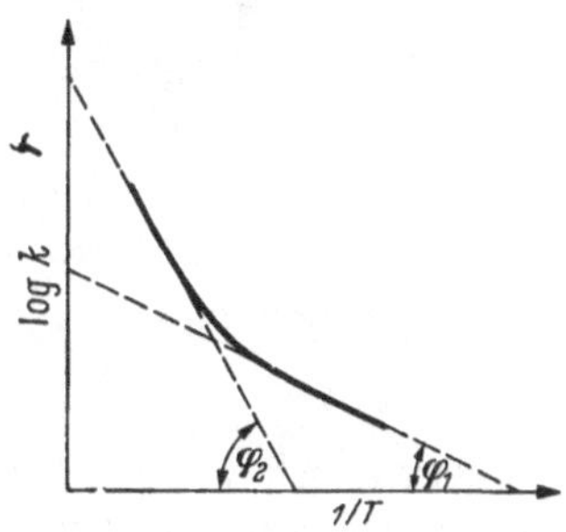

Abb. II, 13: Überschneidung der ARRHENIUSschen Geraden bei Auftreten einer Wandreaktion neben einer Gasreaktion

hängigkeit (d. h. A und q) bestimmt, so läßt sich für jede Konzentration und jede Temperatur die Geschwindigkeit der Reaktion angeben, zuverlässig allerdings nur für das wirklich durchgemessene Konzentrations- und Temperaturintervall. Vor zu weitgehenden Extrapolationen muß gewarnt werden. Unter extremen Konzentrations- und Temperaturverhältnissen können erhebliche Abweichungen sowohl in bezug auf die Ordnung wie in bezug auf die Temperaturabhängigkeit auftreten. Geht die Reaktion z. B. bei tiefen Temperaturen hauptsächlich an der Wand vor sich, bei hohen aber im Gasraum, so würde das Arrhenius-Diagramm die in **Abbildung II, 13** gezeigte Form erhalten.

Als Faustregel gilt, daß sich die Geschwindigkeit einer Reaktion bei Erhöhung der Temperatur um 10° verdoppelt. Diese Aussage kann, da der Quotient der Geschwindigkeitskonstanten $k_T : k_{T+10}$ eine Funktion von T ist, nur für eine ganz bestimmte Temperatur bzw. annähernd für ein bestimmtes Temperaturintervall gelten. Legt man sich auf eine Temperatur fest, z. B. auf Zimmertemperatur (300° K), so läßt sich die Größe von q berechnen, die der Faustregel entspricht. Nach (2) muß dann sein

$$0{,}301 = \frac{q}{4{,}57}\left(\frac{1}{300} - \frac{1}{310}\right),$$

woraus sich der Wert $q = 13$ kcal ergibt. Gilt die Regel bei 500° K, so ist das Temperaturinkrement entsprechend höher (35 kcal). q-Werte zwischen 13 und 35 kcal werden tatsächlich sehr häufig beobachtet. Es kommen aber sowohl höhere wie niedrigere Werte vor. Das Intervall erstreckt sich von 1—100 kcal.

6. Die zusammengesetzten Reaktionen

Nur in besonders einfach gelagerten Fällen wird die Geschwindigkeit einer chemischen Reaktion durch einen einzigen, der Bruttogleichung entsprechenden Elementarakt bestimmt. In den meisten Fällen setzt sich das Geschehen im Reaktionsraum aus vielen gleichzeitig verlaufenden Reaktionen zusammen, die von Wegscheider und seiner Schule als „Simultan-Reaktionen" bezeichnet wurden. Der Reaktionsablauf wird von einer *Startreaktion* eingeleitet, und wird fortgesetzt durch *Folgereaktionen*, bei denen man *Haupt-* und *Nebenreaktionen* unterscheidet. Hauptreaktionen sind diejenigen Reaktionen, die zum gesuchten Endprodukt führen. Zu jeder Reaktion ist auch die *Gegenreaktion* möglich. Um ein Reaktionsschema aufstellen zu können, muß man alle Reaktionsmöglichkeiten in Betracht ziehen, die für alle Ausgangs-, End- und Zwischenprodukte existieren. Zum Glück fallen viele dieser Möglichkeiten aus, weil sie zu langsam gehen. Aber diejenigen, die bleiben, machen den Vorgang schon kompliziert genug (vgl. hierzu Abschnitt IV_3 und IV_4).

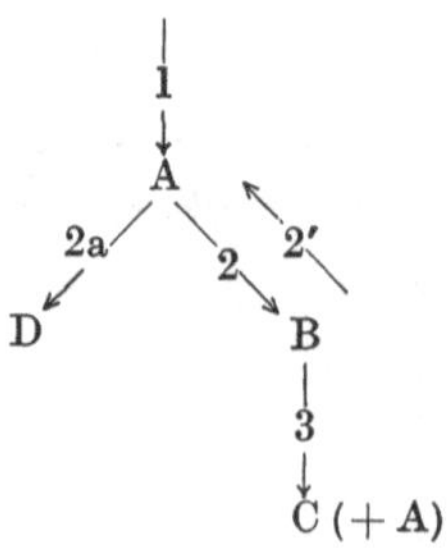

Bildschema 1

Am besten lassen sich die Verhältnisse durch ein *Bildschema* darstellen. Diese Darstellungsweise wurde zunächst für Kettenreaktionen entwickelt, und zwar aus der Erkenntnis heraus, daß man „auf Grund der kinetischen Tatsachen nie etwas über den Zwischenkörper selbst aussagen kann, sondern nur darüber, nach welchen Gesetzen ein solcher sich bildet oder zerfällt" [7]. Das Bildschema hat also neben seiner Anschaulichkeit den Vorteil, daß die auftretenden Zwischenkörper nicht in bezug auf ihre chemische Zusammensetzung formuliert werden müssen. Man kann ihnen allgemeine Bezeichnungen, wie A, B, X, Y, geben, und nur der Weg, auf dem sie entstehen oder zerfallen, wird durch die Pfeile angedeutet. Man pflegt die Numerierung der einzelnen Wege zunächst in der Reihenfolge vorzunehmen, wie sie zum Endprodukt führen. Die Reaktionsgeschwindigkeitskonstanten für die *Einzelreaktionen* oder *Teilschritte* erhalten dann die entsprechenden Indices, z. B. k_1, k_2 usw. und können ebenso wie die Stoßpartner neben den Pfeilen angeführt werden (vgl. z. B. Bildschema 7 und 8). **Bildschema 1** soll nur die Nomenklatur erläutern. Es ist **1** die *Startreaktion*, **2** und **3** sind *Hauptreaktionen*, **2'** ist eine *Gegenreaktion* und **2a** eine *Nebenreaktion* zu **2**. Wird neben C wieder ein A gebildet, so spricht man von einer *Kettenreaktion*. **2a** wird dann auch als *Abbruchsreaktion* bezeichnet. **2** und **2a** sind *Parallelreaktionen*. Das ganze Schema stellt eine *Reaktionsfolge* dar, wobei man nach CHRISTIANSEN von einer *geschlossenen* Folge spricht, wenn A zurückgebildet wird, von einer *offenen*, wenn dies nicht der Fall ist. Die Reaktion verläuft in 3 *Stufen*, wobei die erste zur Bildung von A, die zweite zur Bildung von B bzw. D, die dritte zur Bildung von C $(+ A)$ führt. Versucht man nun, die Geschwindigkeit der Bildung des Endprodukts aus einem komplizierten Reaktionsschema zu berechnen, so führt dies auf Differentialgleichungen höherer Ordnung. Besonders schwierig wird die Rechnung für eine mehrstufige Kettenreaktion. Doch fand BODENSTEIN hier eine ebenso geniale wie einfache Lösung. Er nahm an, daß sich „sehr rasch nach Beginn" der Reaktion ein „stationärer Zustand" einstellt, in dem Sinne, daß pro Zeiteinheit ebensoviel aktive Partikel sich bilden wie verschwinden. Durch Einführung dieser *Stationäritätsbedingung* erleichtert sich die Rechnung außerordentlich. Für die Konzentrationen der Zwischenkörper, die die zunächst unbekannten Größen in der gesuchten Geschwindigkeitsformel darstellen, erhält man dann einfache, meist lineare (ausnahmsweise quadratische) Gleichungen, indem man die Bildungsgeschwindigkeit des Zwischenkörpers gleich seiner Zerfallsgeschwindigkeit setzt. Die Konzentration eines Zwischenkörpers muß nicht über ein großes Zeitintervall wirklich konstant sein. Es genügt, wenn der Zustand *quasistationär* ist, d. h., wenn während einer Zeit Δt die Änderung der Konzentration der Reaktanten klein ist gegen die Änderung der Konzentration des Zwischenkörpers.

7. Die Stoffkette

Kettenreaktionen mit und ohne Verzweigung

Seit dem Gelingen der Uranspaltung und ihren weltweiten Auswirkungen ist das Wort „Kettenreaktion" in aller Munde. Dem Reaktionskinetiker war dieser Begriff bereits mehr als zwei Jahrzehnte bekannt und die diesbezügliche Terminologie war bereits lange vor der Entdeckung der Uranspaltung festgelegt. Man unterschied „einfache Kettenreaktionen" und „Reaktionen mit Kettenverzweigung". Das, was in der Atombombe vor sich geht, gehört zu den letzteren. Vom Standpunkt des Physikochemikers ist also der Ausdruck „Kettenreaktion" für diesen Fall nicht korrekt.

Bei der Kettenreaktion im ursprünglichen Sinne wird der die Reaktion einleitende Körper A (vgl. **Bildschema 2**) wieder zurückgebildet und die Reaktion wird so lange wiederholt, bis durch das zufällige Auftreten einer Nebenreaktion kein neues A mehr entsteht, d. h. „die Kette abbricht". Der Reaktionsverlauf, der aus einem A wieder ein A macht, heißt ein *Kettenglied*. Wird dieser Mechanismus x mal hintereinander durchlaufen, so hat die Kette x Glieder. Man spricht auch von der *Kettenlänge* x.

Anders ist es bei der *Kettenverzweigung*. Hier wird, wie aus **Bildschema 3** ersichtlich, nicht ein „aktiver Körper“ A wieder gewonnen, sondern zwei oder evtl. auch

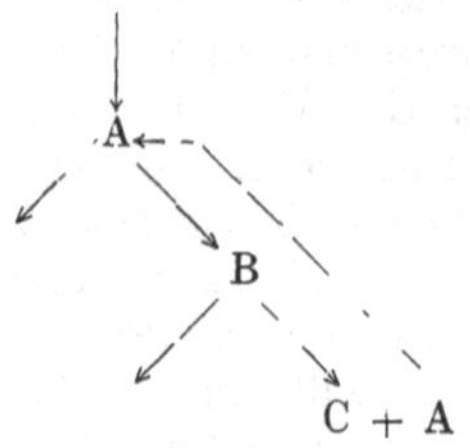

Bildschema 2
Kette ohne Verzweigung

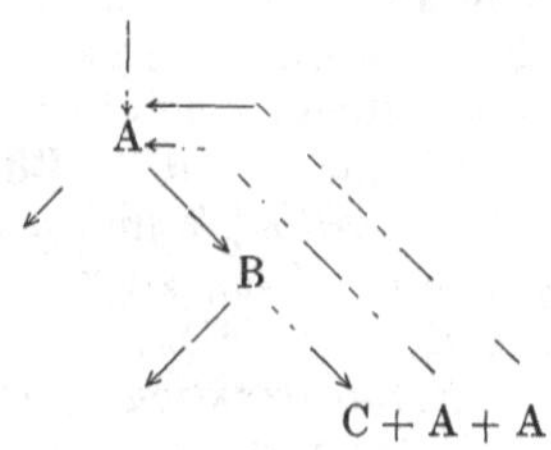

Bildschema 3
Kette mit Verzweigung (nach CREMER [7])

mehrere. Dieser Vorgang führt natürlich zu einem dauernden Anwachsen der Geschwindigkeit, wenn in einem Kettenglied mehr A erzeugt werden als durch Nebenreaktionen verlorengehen: Es kommt zu einer explosionsartigen Entartung der Reaktion, wobei die Explosionsbedingung in folgender Weise abgeleitet werden kann [7]:

Betrachtet man das **Bildschema 3**, so kann man von einer „Vermehrung“ des aktiven Zwischenkörpers A sprechen, die analog der Fortpflanzung der Spaltpilze vor sich geht. Wir wollen gleich den allgemeinen Fall einer p-fachen Verzweigung betrachten, d. h. A kann sich nur entweder nicht oder p-fach fortpflanzen. Der Fall der Fortpflanzung möge mit einer Wahrscheinlichkeit w eintreten, die mittlere Nachkommenzahl eines einzigen Zwischenkörpers A sei x. Die mittlere Zahl von Nachkommen der ersten Generation ist pw. Jeder dieser Nachkommen der ersten Generation hat wieder im Mittel x Nachkommen. Man erhält so für die mittlere Nachkommenzahl von A

$$x = pw\,(1 + x) \tag{1}$$

woraus man x berechnen kann:

$$x = \frac{pw}{1 - pw} \tag{2}$$

Für $p = 1$ ist x endlich, solange $w < 1$, für $p = 2$ nur solange $w < {}^1/_2$, allgemein solange $w < 1/p$ ist (vgl. auch III_{15} (S. 26) und [4]).

Liegt z. B. für $p = 2$ die Fortpflanzungswahrscheinlichkeit in der Nähe von ${}^1/_2$, so kann eine sehr geringfügige Änderung der Reaktionsbedingungen diese Wahrscheinlichkeit $w > {}^1/_2$ werden lassen, wodurch das Explosionskriterium überschritten wird. Es kann also, wenn die Möglichkeit einer Kettenverzweigung besteht, eine zunächst „zahm“ verlaufende Reaktion durch eine winzige Störung plötzlich zur Explosion werden.

8. Reaktionsschema und Geschwindigkeitsformel

Die einfache und sofort großartige Erfolge zeitigende BODENSTEINsche Methode der Berechnung der Geschwindigkeitsformel aus dem Reaktionsschema hat zunächst von vielen Seiten Angriffe erlebt. Diese bezogen sich einesteils auf die Beanstandungen rein formaler Unkorrektheiten in der ersten Darstellung, die aber nur von fachlich Außenstehenden mißverstanden werden konnten, zum anderen Teil betrafen sie die tatsächlich bestehenden Grenzen der Anwendungsmöglichkeit. BODENSTEIN konnte sich über diese Angriffe in souveräner Weise hinwegsetzen, da er durch einwandfreie Experimente die Richtigkeit und Überlegenheit seiner Methode an praktischen Beispielen schlagend unter Beweis stellen und zeigen konnte, daß seine Methode, sinnvoll angewendet, stets brauchbar war.

Bedeutung der Methode und ihre Grenzen werden sofort klar, wenn wir sie an einigen allgemeinen Beispielen dartun.

a) Reaktionsschema mit Folgereaktionen

Wir betrachten zunächst den einfachen Fall, daß mehrere Folgereaktionen hintereinander verlaufen, was sich durch nebenstehendes **Bildschema 4** darstellen und z. B. durch die nachfolgenden Reaktionsgleichungen wiedergeben läßt[1]):

$$A \xrightarrow{1} X \xrightarrow{2} Y \xrightarrow{3} Z$$

Bildschema 4

1. $v_1 = k_1 A$
2. $v_2 = k_2 X$
3. $v_3 = k_3 Y.$

A sei der in großer Konzentration vorhandene Ausgangsstoff. X und Y seien aktive Zwischenkörper, die in Konzentrationen $\ll [A]$ vorhanden sind. Dann ist:

$$\frac{dZ}{dt} = k_3 Y \tag{1}$$

Aus der Stationäritätsbedingung für X und Y erhält man

$$k_1 A = k_2 X \tag{2}$$

$$k_2 X = k_3 Y \tag{3}$$

und somit

$$\frac{dZ}{dt} = k_1 A \tag{4}$$

Wir ersehen aus dieser Ableitung das Folgende: Wenn keine Nebenreaktionen auftreten, so ist das eventuelle Vorhandensein von Zwischenkörpern (X, Y) aus der Kinetik nicht zu ersehen. Die Stufen (2) und (3) treten in der Geschwindigkeitsgleichung überhaupt nicht auf. Aber wir können auch hier die Konzentrationen der Zwischenkörper nach der BODENSTEINschen Methode berechnen. Wir erhalten aus (2):

$$X = \frac{k_1 A}{k_2} \tag{5}$$

Hiermit kommen wir auf eine gedankliche Schwierigkeit der Methode: X hängt von A ab, ändert sich also im Laufe der Reaktion, die ja darin besteht, A zu verbrauchen. Andererseits hatten wir das Prinzip auf die „Konstanz der Zwischenkörper" aufgebaut. Es muß also sein:

$$X = \text{const} \tag{6}$$

[1]) In den Gleichungen dieses Abschnittes wurden die eckigen Klammern bei den Konzentrationen von A, B, C usw. der Einfachheit halber weggelassen, da bei diesen allgemeinen Symbolen eine Verwechslung zwischen „Stoff" und „Konzentration" kaum gegeben scheint.

Die Aussagen (5) und (6) sind nur vereinbar, solange auch $A = \text{const}$ ist. Dies trifft aber durchaus für die Angabe einer Geschwindigkeit in einem bestimmten Augenblick zu. Man betrachtet ja nur die Änderung ΔA während einer Zeit Δt, wobei $\Delta A \ll A$.

Beliebig klein darf aber das Zeitintervall Δt (und somit auch ΔA) nicht sein, denn es muß sich der für das BODENSTEIN-Kriterium wichtige Vorgang der Einstellung der stationären Konzentration des Stoffes X in einer Zeit vollziehen, die wiederum $\ll \Delta t$ ist.

Zu Anfang der Reaktion ist die Bildung von X

$$\left(\frac{dX}{dt}\right)_+ = k_1 A = k_1 A_0 \tag{7}$$

und die Gegenreaktion, der Zerfall von X

$$\left(\frac{dX}{dt}\right)_- = -k_2 X = 0 \tag{8}$$

Zu einem beliebigen Zeitpunkt haben wir:

$$\frac{dX}{dt} = \left(\frac{dX}{dt}\right)_+ + \left(\frac{dX}{dt}\right)_- = k_1 A - k_2 X \tag{9}$$

Der stationäre Zustand ist erreicht, wenn der Ausdruck (9) ≈ 0 ist. Er wird um so schneller erreicht, je größer k_2 ist. Es muß sein

$$k_2 \gg k_1 \tag{10}$$

und somit nach (2)

$$X \ll A \tag{11}$$

Ungleichung (11) ist eine der von BODENSTEIN ursprünglich aufgestellten Bedingungen: der aktive Zwischenkörper muß in verschwindender Konzentration vorhanden sein. Er ist es auch, denn wenn er wirklich „aktiv" ist, wird er gar nicht zu hohen Konzentrationen anwachsen. Nur wenn (11) erfüllt ist, sollte man von einem „aktiven Zwischenkörper" im BODENSTEINschen Sinne sprechen.

Die Einstellung des stationären Zustandes ist dann gewährleistet, wenn

$$\Delta t_{\text{Anfang}} \gg \frac{1}{k_2} \tag{12}$$

ist, d. h. wenn man die Reaktionsgeschwindigkeit zu einer Zeit betrachtet, die groß ist gegen die mittlere Lebensdauer des aktiven Zwischenzustandes. Ist (12) nicht erfüllt, so zeigt die Reaktionskonstante anfänglich zu niedrige Werte. Die Reaktion hat eine „*Induktionsperiode*". Ist (10) nicht erfüllt und gilt statt dessen

$$k_1 \approx k_2 \quad \text{oder} \quad k_1 \gg k_2$$

so wird, während A verschwindet, X zu einer meßbaren Konzentration aufgestaut, d. h. X wird eine analytisch faßbare Zwischenstufe der Reaktion.

b) Reaktionsschema mit Folge- und Nebenreaktionen

Bildschema 5 zeigt eine Reaktion, bei der parallel zu den Folgereaktionen 2 und 3 die Nebenreaktionen 2a und 3a auftreten. Die zugehörigen Geschwindigkeitsgleichungen mögen die Form haben:

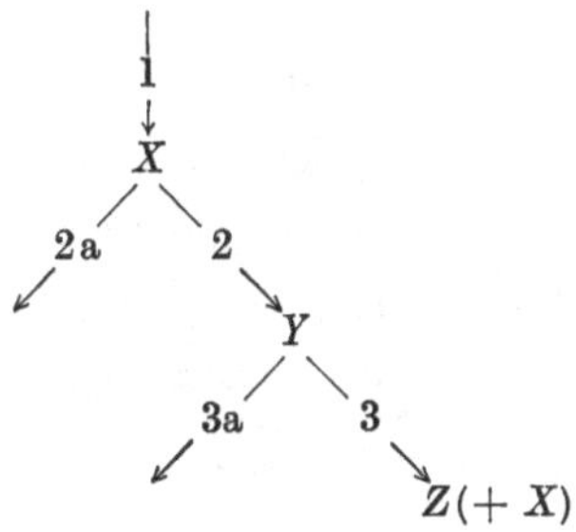

1. $v_1 = k_1 A$
2. $v_2 = k_2 B X$
2a. $v_{2a} = k_{2a} D X$
3. $v_3 = k_3 C Y$
3a. $v_{3a} = k_{3a} E Y$

Bildschema 5

Wenn neben Z, wie in Klammern angedeutet, noch ein X gebildet wird, so haben wir eine Kettenreaktion vor uns.

1.) *Berechnung aus den Differentialgleichungen*: Ohne uns zunächst darum kümmern zu wollen, ob X und Y die Bedingungen BODENSTEINscher Zwischenkörper erfüllen, können wir die folgenden Geschwindigkeitsformeln aufstellen:

$$\frac{dX}{dt} = k_1 A - (k_2 B + k_{2a} D) \cdot X \tag{13}$$

$$\frac{dY}{dt} = k_2 B \cdot X - (k_3 C + k_{3a} E) \cdot Y \tag{14}$$

$$\frac{dZ}{dt} = k_3 C \cdot Y \tag{15}$$

Differenziert man (15) nach t, so tritt rechts der Differentialquotient $\frac{dY}{dt}$ auf, für den man (14) einsetzen kann. Differenziert man nun nochmals nach t, so kann man wiederum den hierbei auftretenden Differentialquotienten dX/dt durch die rechte Seite von (13) ersetzen. Man erhält somit für den Zusammenhang von Konzentration und Zeit eine Differentialgleichung 3. Ordnung:

$$\dddot{Z} + b\ddot{Z} + c\dot{Z} = k \tag{16}$$

Eine solche Differentialgleichung ist unter bestimmten Bedingungen lösbar.

Für das Beispiel einer Reaktionsfolge, wie sie u. a. bei der Chlorknallgasreaktion auftritt, wurde die obige Rechnung und ihre Lösung von BOBLETER [9] durchgeführt, wobei keine besondere Annahme über die Konzentration der Zwischenkörper gemacht, sondern nur von dem Postulat der Konstanz der Konzentration der Reaktionsteilnehmer ausgegangen wurde, auf das wir oben bereits gestoßen waren. Man erhält dann einen Ausdruck für die Geschwindigkeitsgleichung, der auch für beliebig kleine erste Zeitintervalle gilt und somit die anfängliche Induktionsperiode, d. h. die Zeit bis zum Stabilwerden der Konzentrationen von X und Y mit erfaßt.

Die Rechnung sei kurz angedeutet: Unter Benützung des Bildschemas 5 haben die Koeffizienten von (16) die Werte

$$b = (k_2 B + k_{2a} D + k_3 C + k_{3a} E) \tag{17}$$

$$c = (k_2 B + k_{2a} D)(k_3 C + k_{3a} E) \tag{18}$$

$$k = k_1 A \cdot k_2 B \cdot k_3 C \tag{19}$$

Die Lösung von (16) lautet dann

$$Z = L + M \cdot t + Q \cdot e^{qt} + N \cdot e^{nt} \tag{20}$$

wobei q und n die Lösungen der mit den Koeffizienten von (16) gebildeten quadratischen Gleichung

$$\xi^2 + b\xi + c = 0 \tag{21}$$

sind. Für $Z_{t \to 0} = 0$ wird $L = -Q - N$. Außerdem ist immer $M = k/c$.

Verläuft die Reaktion als Kettenreaktion, so kommt für die Bildung von X auch der Weg (3) in Frage, wodurch bei (13) auf der rechten Seite ein additives Glied k_3CY, bei (18) ein subtraktives Glied $k_2B \cdot k_3C$ auftritt. Der Ausdruck für die Konzentration des Endproduktes (20) enthält ebensoviele zeitabhängige Glieder als Reaktionsstufen vorhanden sind. Sind X und Y Bodensteinsche Zwischenkörper, so sind q und n sehr kleine negative Zahlen, so daß man in (20) nur das erste Glied berücksichtigen muß. Für die Geschwindigkeit der Bildung des Endproduktes ergibt sich somit

$$\frac{dZ}{dt} = \frac{k}{c} \tag{22}$$

Setzen wir nun die Werte für k und c ein, und zwar für den Fall einer nach Bildschema 5 (ohne Kettenreaktion) ablaufenden Folge, so erhalten wir

$$dZ/dt = \frac{k_1A \cdot k_2B \cdot k_3C}{k_2B \cdot k_3C + k_{2a}D \cdot k_3C + k_2B \cdot k_{3a}E + k_{2a}D \cdot k_{3a}E} \tag{23}$$

2.) *Berechnung mit Hilfe der Stationäritätsbedingung*: Wendet man von vornherein die Bodensteinsche Methode an, so gestaltet sich die Rechnung natürlich viel einfacher. Differentialgleichungen höherer Ordnung treten nicht auf und es ergeben sich einfache, meist lineare Beziehungen zwischen der Konzentration der aktiven Zwischenkörper und den Konzentrationen der Reaktionsteilnehmer. Die Lösung solcher Gleichungssysteme läßt sich völlig elementar durchführen.

Als Beispiel sei wiederum der Reaktionsablauf nach Bildschema 5 gewählt, zunächst als einfache Folge ohne Kette. Die Geschwindigkeit der Bildung des Produktes Z ist:

$$\frac{dZ}{dt} = k_3CY \tag{24}$$

Aus der Stationäritätsbedingung ergibt sich

für X:

$$k_1A = k_2BX + k_{2a}DX \tag{25}$$

$$X = \frac{k_1A}{k_2B + k_{2a}D} \tag{27}$$

für Y:

$$k_2BX = k_3CY + k_{3a}EY \tag{26}$$

$$Y = \frac{k_2BX}{k_3C + k_{3a}E} \tag{28}$$

aus (28), (27) und (24) folgt:

$$\frac{dZ}{dt} = \frac{k_1A \cdot k_2B \cdot k_3C}{(k_2B + k_{2a}D)(k_3C + k_{3a}E)} \tag{29}$$

in Übereinstimmung mit (23).

Betrachtet man schließlich den Übergang zur Kettenreaktion (Rückbildung von X), so muß man bei (25) auf der linken Seite k_3CY addieren und die Rechnung im übrigen in gleicher Weise durchführen. Es fällt dann im Nenner von (29) das Glied $k_2B \cdot k_3C$, also das Produkt der Geschwindigkeiten der Hauptreaktionen, fort.

3.) *Berechnung aus Reaktionswahrscheinlichkeiten*: Man kann aber bei der Berechnung von Kettenreaktionen auch auf einem noch weniger mühsamen Wege zum Ziele kommen.

Wir erinnern uns an die früher abgeleitete Formel für die „Kettenlänge“ (II_7, 2) S. 26. Die mittlere Anzahl der Kettenglieder, die nach einem Start durchlaufen werden, ist

$$\bar{x} = \frac{pw}{1 - pw} \tag{30}$$

In dem hier betrachteten Falle ist $p = 1$.

Die Geschwindigkeit der Bildung von Z kann man nun gleich der Geschwindigkeit der Startreaktion mal der Zahl der Kettenglieder setzen:

$$\frac{dZ}{dt} = k_1 A \cdot \bar{x} = k_1 A \cdot \frac{w}{1 - w} \tag{31}$$

Die Wahrscheinlichkeit w der Fortführung der Kette ist gleich der Wahrscheinlichkeit, daß sowohl der Weg 2 als auch der Weg 3 hintereinander beschritten werden, also:

$$w = w_2 \cdot w_3 = \frac{k_2 B}{(k_2 B + k_{2a} D)} \cdot \frac{k_3 C}{(k_3 C + k_{3a} E)} \tag{32}$$

Bezeichnet man den Nenner von (32) mit N, so ergibt das Einsetzen (32) in (30)

$$\bar{x} = \frac{k_2 B \cdot k_3 C}{N\left(1 - \frac{k_2 B \cdot k_3 C}{N}\right)} \tag{33}$$

Dies in (31) eingesetzt und ausmultipliziert ergibt

$$\frac{dZ}{dt} = \frac{k_1 A \cdot k_2 B \cdot k_3 C}{k_2 B \cdot k_{3a} E + k_{2a} D \cdot k_3 C + k_{2a} D \cdot k_{3a} E} \tag{34}$$

Bei dieser Ableitung treten die Konzentrationen der aktiven Zwischenkörper nicht explizit auf. Sie stehen sowohl im Zähler wie im Nenner der Ausdrücke für w_2 und w_3 in (32) und heben sich heraus. Die Berechnung von Kettenreaktionen mit Hilfe der Reaktionswahrscheinlichkeiten geht auf Arbeiten von Christiansen und Kramers [13], Cremer [7] und Semenoff [14] zurück.

Man kann die Ableitung leicht auf beliebig viele Neben- und Folgereaktionen verallgemeinern. Hierbei seien die Folgereaktionen hintereinander mit 1, 2, 3 ... indiziert, die Nebenreaktionen mit 2a, 2b, ... 3a, 3b ... usw. Die in den Geschwindigkeitsgleichungen vor den Konzentrationen X, Y_1, Y_2 ... auftretenden Faktoren, die Produkte aus einer Geschwindigkeitskonstanten und Konzentrationen von Reaktionsteilnehmern (auch in den Potenzen > 1) darstellen, seien mit f_n, f_{na}, f_{nb} ... ($n = 2, 3 \ldots$) bezeichnet.

Das **Bildschema 6** soll ein Beispiel einer solchen Reaktion zeigen, die als Kettenreaktion verlaufen möge. Die allgemeine Geschwindigkeitsgleichung kann man entsprechend der Ableitung der Gleichung (34) erhalten:

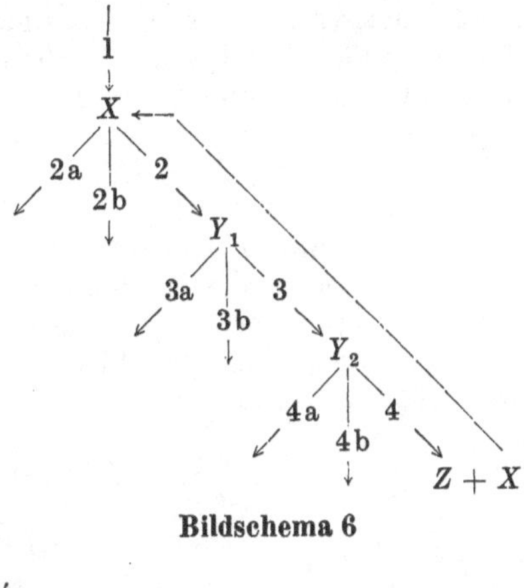

Bildschema 6

$$\frac{dZ}{dt} = \frac{v_1 \cdot f_2 \cdot f_3 \cdot f_4}{(f_2 + f_{2a} + f_{2b} + \cdots)(f_3 + f_{3a} + f_{3b} + \cdots)(f_4 + f_{4a} + f_{4b} + \cdots) - f_2 \cdot f_3 \cdot f_4} \tag{35}$$

Liegt also ein bestimmtes Bildschema vor, so läßt sich nach dieser Schablone die Geschwindigkeitsformel ohne Rechenarbeit hinschreiben. Auf das Bestehen solcher „Rechenregeln" wurde zuerst von SCHWAB [12] hingewiesen.

Umgekehrt kann man auch — und dies ist der praktisch wichtigere Fall — das Bildschema konstruieren, wenn die Geschwindigkeitsformel experimentell ermittelt ist.

Wenn wir z. B. für die photochemische Chlorwasserstoffbildung das Geschwindigkeitsgesetz finden

$$\frac{d[\mathrm{HCl}]}{dt} = \frac{k[\mathrm{Cl_2}]^2[\mathrm{H}]}{k'[\mathrm{H_2}][\mathrm{O_2}] + k''[\mathrm{Cl_2}]} \tag{36}$$

so können wir diese Formel entsprechend (35) in die folgenden Teilfaktoren zerlegen:

$$\begin{aligned} k[\mathrm{Cl_2}]^2[\mathrm{H}] &= v_1 \cdot f_2 \cdot f_3 \\ k'[\mathrm{H_2}][\mathrm{O_2}] &= f_2 \cdot f_{3a} \\ k''[\mathrm{Cl_2}] &= f_{2a} \cdot f_3 \end{aligned} \tag{37}$$

Das Produkt der „Nebenreaktionen" $f_{2a} \cdot f_{3a}$ kann bei Kettenreaktionen mit langer Kette als vernachlässigbar klein angenommen werden.

Diese Gleichungen werden befriedigt, wenn

1. $k_1[\mathrm{Cl_2}] = v_1$
2. $k_2[\mathrm{H_2}] = f_2$
3. $k_3[\mathrm{Cl_2}] = f_3$

3a. $k_{3a}[\mathrm{O_2}] = f_{3a}$

2a. $k_{2a} = f_{2a}$

woraus sich **Bildschema 7** ergibt.

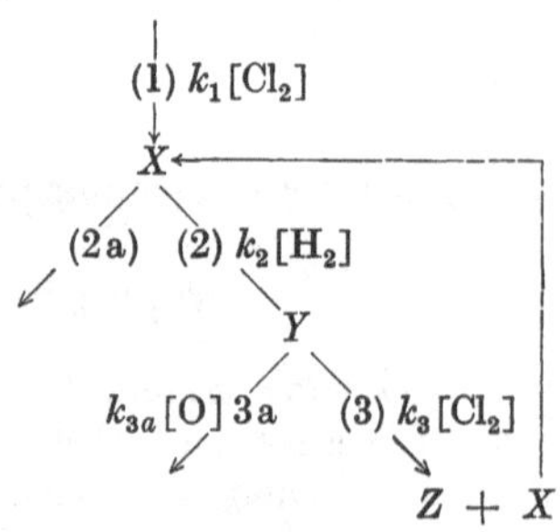

Bildschema 7

Es muß bemerkt werden, daß die Gleichung ebenso befriedigt würde, wenn man in den Indices die Zahl 2 und 3 vertauscht, d. h. über die Reihenfolge der Stufen sagt der kinetische Befund nichts Eindeutiges aus. Um diese Frage zu entscheiden, muß man versuchen, für X und Y chemische Individuen einzusetzen und vergleichen, ob diese nach den bestehenden Erfahrungen oder theoretischen Vorstellungen sich so verhalten können, wie das Schema es verlangt. Diese Bedingung ist bei Bildschema 4 erfüllt, wenn man für $X = [\mathrm{Cl}]$ und $Y = [\mathrm{H}]$ setzt. Man erhält dann die NERNST-BODENSTEINsche Atomkette.

Wir können nun aus der allgemeinen Formel (35) auch leicht ableiten, welche Geschwindigkeitsformeln in gewissen Grenzfällen, nämlich bei Verschwinden der Nebenreaktion 2a oder 3a sich ergeben würde.

Wird 2a vernachlässigbar klein, so verschwinden im Nenner alle Glieder mit f_{2a}. Wir erhalten gemäß (35):

$$\frac{d[\mathrm{HCl}]}{dt} = \frac{v_1 \cdot f_2 \cdot f_3}{f_2 \cdot f_{3a}} = \frac{k_1[\mathrm{Cl_2}] \cdot k_2[\mathrm{H}] \cdot k_3 \cdot [\mathrm{Cl_2}]}{k_2[\mathrm{H}] \cdot k_{3a}[\mathrm{O_2}]} \tag{38}$$

$$\frac{d[\mathrm{HCl}]}{dt} = \frac{k[\mathrm{Cl_2}]^2}{[\mathrm{O_2}]} \tag{38a}$$

d. h. die früher [(II₁, 9), S. 8] bereits erwähnte BODENSTEIN-DUXsche Formel.

Lassen wir nun aber durch völlige Befreiung des Gemisches von Sauerstoff die Nebenreaktion 3a so klein werden, daß sich der Kettenabbruch nach 2a vollzieht, die Glieder mit f_{2a} also zur Geltung kommen, während diejenigen mit f_{3a} verschwinden, so erhalten wir:

$$\frac{d[\mathrm{HCl}]}{dt} = \frac{v_1 \cdot f_2 \cdot f_3}{f_{2a} \cdot f_3} = \frac{k_1[\mathrm{Cl_2}] \cdot k_2[\mathrm{H_2}] \cdot k_3[\mathrm{Cl_2}]}{k_{2a} \cdot k_3[\mathrm{Cl_2}]} \tag{39}$$

$$\frac{d[\mathrm{HCl}]}{dt} = k\,[\mathrm{Cl_2}]\,[\mathrm{H_2}] \tag{40}$$

Dieses Geschwindigkeitsgesetz, das der Bruttogleichung der Reaktion entspricht, wurde unter extrem reinen Bedingungen auch gefunden.

Das hier gebrachte Beispiel zeigt deutlich, wie subtil eine Kettenreaktion ist und daß das launische Verhalten von Nebenreaktionen den Typus der Geschwindigkeitsformel grundlegend ändern kann. Viele Streitigkeiten sind ob solch divergierender Versuchsergebnisse zwischen verschiedenen Schulen oder Forschern ausgetragen worden. Meist hatte jede Partei im Grunde „Recht". Kleine Änderungen in den Versuchsbedingungen können große Änderungen im Mechanismus hervorrufen. So geht z. B. Reaktion 2a wahrscheinlich an der Wand vor sich. Die Chloratome werden an der Wand absorbiert und verlieren dadurch ihren aktiven Charakter. Die Beschaffenheit der Wand — ob sie sauber oder verschmutzt, trocken oder feucht, warm oder kalt ist — kann die Reaktionsgeschwindigkeit um Größenordnungen ändern. Viele ehemalige Geheimnisse der Chorknallgasreaktion, die auch als „Mona Lisa der Reaktionskinetik" bezeichnet wurde, konnten auf diese Weise gelüftet und in einfacher — manchmal trivialer Weise — erklärt werden. Im „Experimentellen Teil" ist dieser Reaktion ein ausführlicher Abschnitt gewidmet (Abschnitt $\mathrm{IV_3}$, S. 99).

c) Reaktionsschema mit Folge-, Neben- und Gegenreaktionen

Tritt eine nennenswerte Gegenreaktion auf, so haben wir den Fall der *unvollständig* verlaufenden Reaktion, deren Geschwindigkeit als Differenz der beiden gegenläufigen Reaktionen darzustellen ist.

$$RG = v - v' \tag{41}$$

Die Reaktion kommt zum Stillstand, wenn $v = v'$, d. h. wenn das Gleichgewicht erreicht ist.

Bildschema 8 zeigt ein Reaktionsschema, in dem Folge- und Nebenreaktionen auftreten, und bei einem der Reaktionsschritte — bei Schritt 2 — auch eine Gegen-

1. $v_1 = k_1 A$
2. $v_2 = k_2 BX$
2'. $v_{2'} = k_{2'} Y$
2a. $v_{2a} = k_{2a} XY$
3. $v_3 = k_3 AY$

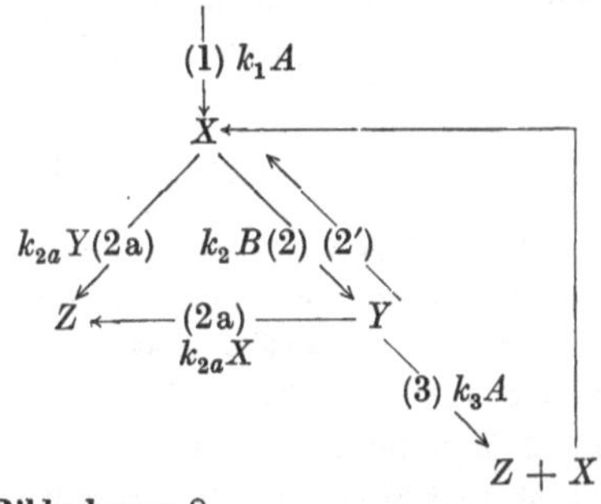

Bildschema 8

reaktion. Außerdem führt die Reaktion **2a** zur gegenseitigen Vernichtung von aktiven Zwischenkörpern.

Wird die Geschwindigkeit der Gegenreaktion so groß, daß Y bevorzugt nach 2′ abreagiert, dann führt dies zur Ausbildung eines Gleichgewichtes zwischen X und Y.

$$k_{2'} Y = k_2 B X \tag{42}$$

$$Y / X = k_2 B / k_{2'} \tag{43}$$

Wir haben den Fall eines *vorgelagerten Gleichgewichtes.* X ist ferner gegeben durch das kinetische Gleichgewicht der Reaktion **1** und **2a**.

$$X = k_1 A / k_{2a} Y \tag{44}$$

Für die Bildungsgeschwindigkeit von Z erhalten wir (die Bildung von Z nach **2a** ist gegenüber der Bildung über die Kette zu vernachlässigen):

$$dZ / dt = k_3 A Y \tag{45}$$

und durch Einsetzen des nach (43) und (44) berechneten Wertes von Y:

$$Y = (k_1 A \cdot k_2 B / k_{2'} \cdot k_{2a})^{1/2} \tag{46}$$

in (45):

$$dZ / dt = \left(\frac{k_1 A^3 \cdot k_2 B k_3^2}{k_{2'} \cdot k_{2a}} \right)^{1/2}$$

ein Gesetz, das z. B. für die photochemische Bildung von Phosgen bei Zimmertemperatur gefunden wurde. Es ist hierbei $X = [\mathrm{Cl}]$, $Y = [\mathrm{COCl}]$, $A = [\mathrm{Cl_2}]$ und $B = [\mathrm{CO}]$.

Die Geschwindigkeitsgleichung lautet also:

$$\frac{d[\mathrm{COCl_2}]}{dt} = k [\mathrm{Cl_2}]^{3/2} [\mathrm{CO}]^{1/2}$$

Bemerkenswert ist, daß die Gleichung halbzahlige Potenzen enthält. Diese treten immer dann auf, wenn ein Kettenabbruch durch Reaktion von zwei aktiven Zwischenkörpern vorliegt, wie etwa COCl + Cl oder H + H, Cl + Cl usw.

Eine allgemeine (für stationäre und nicht-stationäre Zwischenkörperkonzentrationen gültige) Methode zur Berechnung der Reaktionsgeschwindigkeiten aus einem Reaktionsschema mit Teilreaktionen beliebiger Ordnung wurde von Szabó [11] angegeben. Das System komplizierter Gleichungen kann durch die Annahme erheblich vereinfacht werden, daß bei Parallelreaktionen die schnellste, bei Folgereaktionen die langsamste Reaktion geschwindigkeitsbestimmend ist. Die Methode wurde für die Berechnung von Reaktionen, die mit einer Induktionsperiode verlaufen — wie z. B. die Zersetzung von Sulfurylchlorid — mit Erfolg angewendet.

Literaturhinweise

1. Schumacher, H. J., Chemischen Gasreaktionen, Verlag Steinkopff, Darmstadt, 1938.
2. Hinshelwood, C. N., The Kinetics of Chemical Change, Clarendon Press, Oxford, 1945.
3. Laidler, K. J., Chemical Kinetics, McGraw Hill Book Comp., New York, 1950.
4. Daniels, F. und Johnston, E. H., J. Am. Chem. Soc. **43** (1921) 53.
5. Bodenstein, M. und Dux, W., Z. Phys. Chem. **85** (1913) 297, 329.
6. Bodenstein, M. und Schenk, P. W., Z. Phys. Chem. **B 20** (1933) 420.

7. CREMER, E., Z. Phys. Chem. **128** (1927) 285.
8. CREMER, E., Homogene Ortho- und Para-Wasserstoffkatalyse, Handbuch der Katalyse, Bd. I., Verlag Springer, 1941.
9. BOBLETER, O., Z. Phys. Chem. N. F. **4** (1955) 1.
10. FROST, A. A. und PEARSON, R. G., Kinetics and Mechanism, John Wiley and Sons, Jhc., New York 1953.
11. SZABÓ, Z. G., Fortschritte in der Kinetik der homogenen Gasreaktionen, Verlag Steinkopff, Darmstadt, 1960.
12. SCHWAB, G.-M., Z. Phys. Chem. **B 8** (1930) 141.
13. CHRISTIANSEN, J. A. und KRAMERS, H. A., Z. Phys. Chem. **104** (1923) 451.
14. SEMENOFF, N. N., Ztschr. Physik **48** (1928) 571.
15. NORRISH, R. G. W. und PORTER, G., Diskuss. Farad. Soc. **17** (1954) 14.
16. SCHÜLER, H. und LUTZ, E., Ztschr. Naturforschg. **16a** (1961) 57.
17. s. IV_3 6, S. 108.

III. Theoretische Grundlagen

A. Elementare Kinetische Gastheorie

1. Allgemeine Voraussetzungen

Die klassische Thermodynamik beschreibt Gleichgewichtszustände der Gase makrophysikalisch, d. h. ohne Rücksicht auf deren molekulare Struktur, und kann deshalb im Grunde nur formale Beziehungen zwischen empirischen Materialkonstanten liefern. Dagegen gelingt es mit Hilfe der kinetischen Theorie, ausgehend vom mikrophysikalischen Modell des Molekülgases, die Zahlenwerte von Stoffkonstanten absolut anzugeben, wie z. B. c_v für ideale Gase. Die kinetische Betrachtungsweise ist schon deshalb als die fundamentalere anzusehen, wobei hinzukommt, daß sie auch in elementarer Form Aussagen über zeitliche Änderungen liefert.

Eine gewisse Schwierigkeit steht einer allgemeineren praktischen Anwendung der kinetischen Theorie allerdings im Wege: Während der Thermodynamik eine Fülle von makrophysikalisch gemessenen Stoffkonstanten zur Verfügung steht, fehlt bis heute der Kinetik das entsprechende genaue Zahlenmaterial über die Atome und Moleküle. Trotzdem lassen sich die Gesetze der chemischen Kinetik nur im mikrophysikalischen Bilde vollständig verstehen.

Die nach der Mitte des vorigen Jahrhunderts einsetzende Entwicklung der kinetischen Gastheorie ist vorwiegend den Arbeiten von Krönig, Clausius und Maxwell zu verdanken, ihre fundamentale Begründung Ludwig Boltzmann. Zu dieser Zeit war die Existenz der Atome und Moleküle noch durch kein direktes Experiment bewiesen, sondern nur eine Hypothese. Eine erste moderne Stütze für die Atomhypothese bildeten die Erfolge der kinetischen Theorie, so u. a. die Erklärung, weshalb bei gewöhnlichen Drucken die Viskosität und die Wärmeleitung von Gasen bei konstanter Temperatur nicht oder nur wenig vom Druck abhängen und weshalb ferner bei sehr niederen Drucken eine Abhängigkeit auftreten muß.

Als erstes Axiom der kinetischen Theorie bezeichnen wir die Vorstellung, daß ein chemisch einheitliches Gas aus lauter gleichen Molekülen besteht. Eine weitere Voraussetzung besagt, daß die Moleküle sich dauernd bewegen und daß die Energie dieser Bewegung direkt mit der Temperatur des Gases zusammenhängt. Atome im Grundzustand besitzen nur Translationsenergie, Moleküle außerdem noch Rotations- und Schwingungsenergien, die ebenfalls zur Gastemperatur beitragen. Im Zuge ihrer Bewegung übertragen die Moleküle Energien und Impulse bei Stößen auf die Wände. Ferner stoßen die Teilchen auch im Gasraum gegeneinander, wobei aber nur Nahwirkungskräfte auftreten. Über Entfernungen, die groß sind gegen ihren Durchmesser, üben die Teilchen keine Kräfte aufeinander aus, sie fliegen „isoliert". Dieser Forderung entspricht ein ideales Gas.

Wir können somit feststellen, daß die kinetische Theorie — ihrem Namen entsprechend — den Begriff Bewegung, aufgefaßt als zeitliche Änderung von Zuständen, bereits als Grundannahme (Axiom) enthält. Deshalb liefert die kinetische Theorie die Möglichkeit, Zustandsänderungen auch zeitlich zu berechnen, was bekanntermaßen mit Hilfe der Thermodynamik allein nicht gelingen kann, da die letztere auf Grund ihrer axiomatischen Struktur nur die Behandlung statischer Gleichgewichtszustände leistet.

Die chemische Kinetik steht oft vor der experimentellen Aufgabe, zu verhindern, daß die bei einer interessierenden Reaktion gebildeten Produkte wiederum weiterreagieren können. Sie wendet hierzu vielfach Gasströmungsmethoden an, bei denen die Einstellung stationärer Strömungsgleichgewichte eine wichtige Rolle spielt. Die Gesetze der Gasströmungen sind aber wiederum nur im kinetischen Modellbild der sogenannten Transportphänomene zu verstehen.

Wir werden nun in den folgenden Abschnitten die elementare kinetische Gastheorie soweit darstellen, als für die Einführung in die chemische Reaktionskinetik erforderlich ist. Dabei steht zunächst die kinetische Ableitung der Zustandsgesetze für ideale Gase im statischen Gleichgewicht im Anfang. Sodann folgt die Behandlung der Stoßzahlen. In stark vereinfachter Weise wird anschließend noch auf die Transportphänomene eingegangen. Die kinetische Einführung der Reaktionsgeschwindigkeit erfolgt schließlich in Abschnitt III_9, S. 63.

Der Zustand eines Gases ist nach dem kinetischen Modell primär bestimmt durch die Wirkung der Stöße seiner Moleküle, bei denen Energie- und Impulsaustausch stattfinden. Der folgende Abriß der kinetischen Gastheorie beschränkt sich auf den Gültigkeitsbereich der klassischen Stoßgesetze.

2. Der Boltzmann-Faktor

Thermodynamik und Kinetik sind keine getrennten Theorien, sondern miteinander verbunden durch eine der wichtigsten Fundamentalbeziehungen der theoretischen Physik, das Boltzmannsche Prinzip

$$S = \mathsf{k} \ln W, \tag{1}$$

welches die Entropie S eines Systems auf die maximale Wahrscheinlichkeit W seines Zustandes zurückführt. Die Boltzmannsche Konstante k hat dieselbe Dimension wie S, nämlich Energie/absolute Temperatur und bedeutet die auf ein einzelnes Molekül bezogene allgemeine Gaskonstante

$$\mathsf{k} = \frac{R}{N_A} \tag{2}$$

(N_A: Molekülzahl im Molvolumen).

Die Umkehrung von (1) führt auf den sog. Boltzmann-Faktor

$$F = e^{-\frac{E}{\mathsf{k}T}}, \tag{3}$$

eine fundamental wichtige Verteilungsfunktion der Statistik. Diese stellt allgemein gesprochen für jedes beliebige, im *thermischen Gleichgewicht* stehende physikalische System von gegebener Temperatur T ein Maß der Wahrscheinlichkeit dar für einen beliebigen Energiezustand E im Vergleich zu einem Nullzustand. Unter E ist die Summe aller möglichen auftretenden Energieformen wie Translation, Rotation,

Schwingung, potentielle Energie der Lage usw. zu verstehen, also

$$E = E_{\text{trans}} + E_{\text{rot}} + E_{\text{osc}} + E_{\text{pot}} + \cdots.$$

Der BOLTZMANN-Faktor leitet sich her aus statistischen Überlegungen, die im folgenden Spezialabschnitt III_3 (S. 39) eingehender dargestellt sind. Bei der kinetischen Behandlung eines Gases ordnet man zunächst jedem einzelnen Teilchen einen eigenen Phasenraum zu. Dieser hat die Dimensionszahl $2f$, wobei f die Anzahl der Freiheitsgrade der Teilchen bedeutet. Grundsätzlich hat demnach der Phasenraum des gesamten Systems (Γ-Raum) $2Nf$ Dimensionen. Da jedoch im idealen Gas die Moleküle sich unabhängig voneinander bewegen, genügt es, in einem sogenannten μ-Raum von nur $2f$ Dimensionen zu rechnen.

Mit $d\Omega$ bezeichnen wir eine Elementarzelle („Volumenelement") des gemeinsamen Phasenraumes. Eine solche Elementarzelle muß eine genügend große Anzahl von Teilchen (Besetzungszahl) enthalten, damit die statistische Behandlung erlaubt ist. Für ein Atom ($f = 3$) ist der Phasenraum 6-dimensional, definiert durch 3 Lage- und 3 Impulskoordinaten, und demnach in diesem einfachsten Fall

$$d\Omega = dx\,dy\,dz\,m^3 d\mathfrak{v}_x d\mathfrak{v}_y d\mathfrak{v}_z. \tag{4}$$

Bei einem 2atomigen Molekül kommen noch 2 Freiheitsgrade für die Rotation und zwei weitere für die Schwingungen hinzu, mithin wird hier $f = 7$ und $d\Omega$ 14-dimensional.

Die Wahrscheinlichkeit, ein Molekül in einer bestimmten Elementarzelle des Phasenraumes anzutreffen, ist allgemein gegeben zu

$$W d\Omega = A e^{-\frac{E}{\mathrm{k}T}} d\Omega = \frac{dN}{N}, \tag{5}$$

wenn alle N Moleküle eines Gases unabhängig voneinander in N eigenen Phasenräumen verteilt sind. Beim idealen Gas sind die $d\Omega$ der einzelnen Moleküle gleichwahrscheinlich. In diesem Falle kann man (5) interpretieren als den Bruchteil $\frac{dN}{N}$ aller vorhandenen Moleküle, der in einer bestimmten Elementarzelle $d\Omega$ eines gemeinsamen Phasenraumes anzutreffen ist. Den strengen Beweis, daß auch beim Auftreten von Stößen im Gasraum so gerechnet werden darf, als ob die Moleküle unabhängig voneinander sich bewegen, hat BOLTZMANN erbracht.

Die Funktion W in (5) stellt somit eine Verteilungsfunktion der Wahrscheinlichkeit verschiedener Zustände im Phasenraum dar. Die Konstante A in (5) wird einfach bestimmt aus der Normierungsbedingung

$$1 = \int W d\Omega = A \int e^{-\frac{E}{\mathrm{k}T}} d\Omega, \tag{6}$$

die sich aus der Forderung ergibt, daß die Integration über den gesamten Phasenraum mit Sicherheit ($W = 1$) alle Teilchen erfassen muß bzw. daß ein einzelnes Teilchen sicher innerhalb seines Phasenraumes anzutreffen ist. Über den Zusammenhang von A mit der Zustandssumme des Systems s. Abschnitt III_3 (S. 41f.).

Bezüglich der Größe von $d\Omega$ sei noch eine Bemerkung eingeschaltet: Man entnimmt aus (4), daß für einatomige Gase $d\Omega$ die Dimension (Energie · Zeit)^3 = (Wirkung)^3 hat. Nun ist aber durch die PLANCKsche Konstante h eine absolute untere Grenze $d\Omega = h^3$ vorgegeben. Die sich hieraus ergebenden Fragen sind Gegenstand der Quantenstatistik, mit Hilfe deren u. a. gezeigt wird, daß gegebenenfalls genügend viele Elementarzellen der Größe h^3 zu größeren Einheiten zusammengefaßt werden dürfen, die dann wiederum eine für die statistische Behandlung genügend große Zahl von Teilchen enthalten.

Den frühesten, makroskopischen, experimentellen Beweis für (5) bildet die Bestätigung der barometrischen Höhenformel durch die klassischen Sedimentationsversuche an Mastixkugeln von

PERRIN. Die barometrische Höhenformel lautet:

$$n(z) = n_0 \cdot e^{-\frac{mgz}{\mathsf{k}T}} \tag{7}$$

(n: Numerische Teilchendichte in cm^{-3}; m: Teilchenmasse; g: Erdbeschleunigung; z: Höhe über dem Erdboden ($z = 0$)). Sie läßt sich sehr einfach aus dem BOLTZMANN-Faktor herleiten. Es genügt hierzu die Annahme $T = \text{Const}$, d. h. aber auch Konstanz aller Energien der Teilchen wie Translation, Rotation usw. außer der potentiellen Energie der Lage im Schwerefeld $\Phi = mgz$. Man braucht also nur den BOLTZMANN-Faktor in der Form $e^{-\text{Const}}\, e^{-\frac{\Phi}{\mathsf{k}T}}$ anzuschreiben und zu fordern, daß im Normalniveau $z = 0$ die Dichte n_0 herrschen soll, um damit (7) zu gewinnen.

Der BOLTZMANN-Faktor wird bei der Ableitung des MAXWELLschen Geschwindigkeitsverteilungsgesetzes benutzt werden und uns später noch verschiedentlich begegnen, so in der ARRHENIUSschen Gleichung. Es sei noch einmal besonders betont, daß der BOLTZMANN-Faktor nur auf Systeme anwendbar ist, die sich im Gleichgewicht befinden. Bei Nicht-Gleichgewicht treten die sog. *Transportphänomene* auf, die für sich eigens zu behandeln sind, s. Abschnitt III_8 (S. 59).

3. Herleitung der Energie-Verteilung aus dem BOLTZMANN-Prinzip

Wir geben in diesem Abschnitt eine exaktere Begründung des BOLTZMANN-Faktors. Hierzu müssen wir das BOLTZMANNsche Prinzip von der Form III_2 1 (S. 37) zunächst noch ergänzen um eine Konstante C, die nicht von den Zustandsvariablen, sondern nur von den Molzahlen abhängt:

$$\boxed{S = \mathsf{k} \ln W + C}\,. \tag{1}$$

Nun betrachten wir ein ideales Gas in einem festen Volumen V mit insgesamt N Molekülen. Die Gesamtenergie U dieses Systems sei konstant. Da im idealen Gas die Moleküle sich unabhängig voneinander bewegen, rechnen wir weiterhin in einem μ-Raum von $2f$ Dimensionen (s. vorigen Abschnitt, S. 38).

Diesen μ-Raum teilen wir ein in eine sehr große aber endliche Anzahl M von Elementarzellen gleicher Größe $d\Omega$. Bei konstanter Zellengröße gilt a priori für jede Zelle gleiche Wahrscheinlichkeit, da im Mittel pro Zeiteinheit gleichviel Teilchen in die Zelle hinein- wie herausfliegen (Satz von LIOUVILLE). Wohl ändern die $d\Omega$ im Laufe der Zeit ihre Form, nicht aber ihren Inhalt. Das LIOUVILLEsche Theorem lautet:

$$\frac{d\Delta\Omega}{dt} = 0, \quad \Delta\Omega = \text{const}\,.$$

Diese Festsetzung behält Gültigkeit für eine beliebige Anzahl f von Freiheitsgraden, solange nur die Teilchen den Gesetzen der klassischen Mechanik gehorchen.

Auf die einzelnen Zellen seien nun die N Moleküle irgendwie verteilt mit den Besetzungszahlen

$$n_1, n_2 \cdots n_i \cdots n_M\,,$$

wobei stets gelten muß

$$\sum_{i=1}^{M} n_i = N\,. \tag{2}$$

Jede solche Verteilung der Besetzungszahlen n_i kennzeichnet demnach einen bestimmten Mikrozustand des Gases. Dessen thermodynamische Wahrscheinlichkeit W wird definiert durch die Anzahl derjenigen Verteilungen von N auf die M Zellen, die denselben Mikrozustand realisieren, wobei also nur die Teilchen n_i innerhalb ihrer Zelle $d\Omega_i$ vertauscht werden. W ist demnach kleiner als die Anzahl $N!$ aller möglichen Permutationen (Vertauschungen).

In der mathematischen Formulierung (BOLTZMANNsche Abzählmethode) ist dann W gegeben als die „Permutabilität" der Verteilung (auch Komplexion genannt)

$$W = \frac{N!}{n_1!\, n_2! \cdots n_i! \cdots n_M!} = \frac{N!}{\Pi n_i!}\ ^{1)} \tag{3}$$

bzw.

$$\ln W = \ln N! - \sum \ln n_i!\,. \tag{3a}$$

Hierfür sei ein Beispiel mit kleinen Zahlen M und N angegeben:

$$\underline{M = 3,\ N = 3}$$

a) Für $n_1 = 3,\ n_2 = 0,\ n_3 = 0$ wird $W = \frac{3!}{3!\ 1\ 1} = 1$
$(0! = 1)$

b) $n_1 = 2,\ n_2 = 1,\ n_3 = 0$ $\quad W = \frac{3!}{2!\ 1!\ 1} = 3$

c) $n_1 = 1,\ n_2 = 1,\ n_3 = 1$ $\quad W = \frac{3!}{1!\ 1!\ 1!} = 6$

Am wahrscheinlichsten ist also die Gleichverteilung auf alle 3 Zellen.

Die thermodynamische Wahrscheinlichkeit kann sehr große Zahlenwerte annehmen (sie ist nicht auf 1 normiert) und diese Zahlenwerte hängen, wie man sieht, vom Inhalt und damit bei vorgegebenem N von der Größe der Elementarzelle ab.

Im Falle eines Gases ist N eine sehr große Zahl, etwa von der Größenordnung der Zahl der Moleküle im Mol 10^{23}. Die Berechnung von $N!$ wäre ein recht hoffnungsloser Fall, wenn es nicht die Logarithmusfunktion gäbe! Mit Hilfe dieser vereinfacht sich dieses Problem sehr wesentlich für große Zahlen N und auch $n_i \gg 1$, indem man schreibt

$$\ln N! = \ln 1 + \ln 2 + \cdots + \ln N \approx \int_1^N \ln x\, dx = N(\ln N - 1) + 1\,.$$

Auch die Zahl $+1$ kann noch vernachlässigt werden gegen großes N, und der Übergang zum Numerus ergibt die STIRLINGsche Näherungsformel

$$N! \approx \left(\frac{N}{e}\right)^N. \tag{5}$$

Genauer $N! = (2\pi N)^{1/2} \cdot \left(\frac{N}{e}\right)^N$ bzw. $\ln N! = N(\ln N - 1) + \frac{1}{2}\ln 2\pi N$.

Wir können also in (3) einsetzen

$$n_i! = \left(\frac{n_i}{e}\right)^{n_i} \quad \text{bzw. } \ln n_i! = n_i(\ln n_i - 1) \tag{5a}$$

und erhalten unter Verwendung von (2)

$$\ln W = \ln N! + \sum_1^M n_i - \sum_1^M n_i \ln n_i = N \ln N - \sum_1^M n_i \ln n_i\,. \tag{6}$$

Nunmehr ist zu fragen nach der *häufigsten* Verteilung, für die also W ein Maximum besitzt. Die Lösung vermittelt der Variationsansatz von (6)

$$\delta \ln W = -\sum_1^M \delta n_i(\ln n_i + 1) = 0\,. \tag{7}$$

---

[1]) S. hierzu z. B. MANGOLD-KNOPP: Einführung in die höhere Mathematik, 8. Auflage I. Bd. 1. Abschnitt, Ziff. 9, S. 17.

Auf Grund von (2) $\Sigma n_i = N$ muß gelten

$$\Sigma\, \delta n_i = 0, \tag{8}$$

so daß (7) übergeht in

$$\delta \ln W = -\Sigma\, \delta n_i \ln n_i = 0. \tag{7a}$$

Diese Gleichung ist zunächst aber nur erfüllt, wenn gleiche Verteilung $n_1 = n_2 = \cdots n_M$ auf alle M-Zellen vorliegt. Dies wäre z. B. der Fall, wenn die Teilchen in allen Zellen gleiche Energie besitzen würden. Wir interessieren uns aber für alle möglichen Energiewerte E_i in den verschiedenen Zellen $d\Omega_i$. Nur innerhalb einer Zelle sollen alle n_i dieselbe feste Energie haben.

Damit kommt wegen der zu Anfang gemachten Voraussetzung, daß die Gesamtenergie des Gases U konstant sein soll, noch eine Energiebedingung hinzu

$$U = \Sigma\, n_i E_i = \text{const.} \tag{9}$$

E_i bedeutet die Gesamtenergie eines Moleküls in einer Zelle $d\Omega_i$, die durch seine Koordinaten im Phasenraum festgelegt ist.

Bei der Variation der n_i muß wegen (9) bei festgehaltenen Werten E_i noch die Bedingung

$$\sum_i E_i \delta n_i = 0 \tag{10}$$

eingehalten werden. Es sind also (8) und (10) gemeinsam zu erfüllen.

Die Lösung dieses Problems geschieht am elegantesten mit Hilfe der Multiplikatoren-Methode von LAGRANGE[1]). Wir führen darnach 2 Größen α und β ein, die sich nur auf den (konstanten) Makro-Zustand des gesamten Systems beziehen, so daß über α und β frei verfügt werden darf. Dadurch wird erreicht, daß nunmehr auch die n_i als unabhängig wählbar behandelt werden dürfen. Wir multiplizieren nun (8) mit α, (10) mit β, erhalten damit an Stelle von (7a)

$$\delta \ln W = -\sum_i \delta n_i \,(\ln n_i + \alpha + \beta E_i) = 0 \tag{11}$$

und daraus

$$\ln n_i = -\alpha - \beta E_i \tag{12a}$$

bzw.

$$n_i = e^{-\alpha} \cdot e^{-\beta E_i}. \tag{12b}$$

Dieser Wert von n_i gehört zum Maximum von W. (12b) stellt also bereits die wahrscheinlichste Verteilung der n_i auf die einzelnen Zellen dar. Falls die n_i zu klein sind für die Anwendung der STIRLINGschen Formel, muß $W_{\max}$ direkt aus (3a) berechnet werden.

Einsetzen von (12a) in (6) liefert zunächst

$$\ln W_{\max} = N \ln N + \alpha \sum_i n_i + \beta \sum_i n_i E_i. \tag{13a}$$

Ersetzt man hierin nach (2) und (9) noch $\Sigma n_i = N$ und $\Sigma n_i E_i = U$, so ergibt sich schließlich

$$S/\mathsf{k} = \ln W_{\max} = N \ln N + \alpha N + \beta U. \tag{13}$$

Jetzt können wir die Bedeutung von α und β ermitteln. Aus (2) und (12b) folgt

$$N = e^{-\alpha} \Sigma\, e^{-\beta E_i}. \tag{14}$$

Die Summe

$$z_0 = \Sigma\, e^{-\beta E_i} \tag{15}$$

heißt die *Zustandssumme* (in der angelsächsischen Literatur *Partitions*funktion) des betrachteten Systems. Für α erhält man aus (14) und (15)

$$\alpha = \ln (z_0/N) \tag{15a}$$

---

[1]) Dargestellt in den Lehrbüchern der theoretischen Physik, vgl. Literaturverzeichnis am Ende dieses Abschnittes.

und nach Einsetzen dieses Ausdruckes in (13)

$$S/\mathsf{k} = \ln W_{\max} = N \ln z_0 + \beta U. \tag{16}$$

Um noch die Bedeutung von β zu gewinnen, gebrauchen wir eine weitere unabhängige Gleichung. Eine solche erhalten wir aus (13), wenn wir jetzt bei konstantem N und V eine von außen bewirkte reversible Änderung von U und damit von α und β betrachten

$$\frac{dS}{\mathsf{k}} = d \ln W_{\max} = N d\alpha + U d\beta + \beta dU. \tag{17}$$

Zwischen $d\alpha$ und $d\beta$ besteht aber wegen (14) eine feste Beziehung, die sich aus der logarithmischen Differentiation von (14) ergibt zu

$$d \ln N = 0 = -d\alpha - d\beta \frac{\sum E_i e^{-\beta E_i}}{\sum e^{-\beta E_i}} = -d\alpha - d\beta \frac{U}{N}. \tag{18}$$

(Die Summe im Zähler ist nach (9) und (14) gleich $e^{\alpha} U$, die im Nenner $e^{\alpha} N$). Aus (18) folgt also $N d\alpha + U d\beta = 0$, und (17) vereinfacht sich zu

$$\frac{dS}{\mathsf{k}} = \beta dU. \tag{19}$$

Nach dem II. Hauptsatz ist im isochoren Falle

$$dS = \frac{dQ_{\text{rev}}}{T} = \frac{dU}{T}. \tag{20}$$

Aus dem Vergleich von (19) und (20) folgt somit die fundamentale Beziehung

$$\boxed{\beta = \frac{1}{\mathsf{k} T}}\,, \tag{21}$$

die auch dann bestehen bleibt, wenn zusätzlich noch Volumenänderungen des Gases betrachtet werden (Zustandsgleichung idealer Gase) oder ein isothermes Gas in einem Kraftfeld (z. B. barometrische Höhenformel).

Die Verteilungsfunktion $f(i)$ der Energie wird in der üblichen Weise definiert durch

$$\frac{n_i}{N} = f(i)\, d\Omega_i = \frac{dN_i}{N}\,, \tag{22}$$

d. h. durch den Bruchteil aller Moleküle in einer Phasenzelle $d\Omega_i$, wobei $d\Omega_i$ selbst festgelegt ist durch $2f$ Koordinaten des Phasenraumes, z. B. im 6-dimensionalen Falle durch x_i, y_i, z_i, $\mathfrak{v}_{x_i}$, $\mathfrak{v}_{y_i}$, $\mathfrak{v}_{z_i}$. Unter Verwendung von (12b) und (14) erhalten wir zuletzt das endgültige Energie-Verteilungsgesetz von BOLTZMANN

$$\boxed{f(i) = \frac{e^{-\frac{E_i}{\mathsf{k} T}}}{\sum e^{-\frac{E_i}{\mathsf{k} T}}\, d\Omega_i}} \tag{23}$$

Im Abschnitt III_2 (S. 38) haben wir an Stelle von $f(i)$ nur die Wahrscheinlichkeit W mit Hilfe des BOLTZMANN-Faktors $e^{-\frac{E_i}{\mathsf{k} T}}$ angegeben

$$W d\Omega_i = A e^{-\frac{E_i}{\mathsf{k} T}}\, d\Omega_i. \qquad \text{III}_2\, 5$$

Auf Grund der ausführlich abgeleiteten Gleichung (23) kann man nun auch die Konstante A explizit angeben aus $W = f(i)$ zu

$$A = \frac{1}{\sum e^{-\frac{E_i}{kT}} d\Omega_i} = \frac{1}{\int e^{-\frac{E_i}{kT}} d\Omega_i} \text{ für } d\Omega_i \to 0. \tag{23a}$$

A stellt also den reziproken Wert des Zustandsintegrals dar, das selbst wiederum von allen auftretenden Energieformen $E_{\text{trans}} + E_{\text{pot}} + \cdots$ abhängt.

Schließlich können wir noch in (16) $\beta = \frac{1}{kT}$ einsetzen und erhalten die kinetische (statistische) Definition der Entropie

$$\boxed{S = \frac{U}{T} + kN \ln z_0.} \tag{24}$$

Damit ergibt sich die freie Energie F zu

$$\boxed{F = U - TS = -kNT \ln z_0.} \tag{25}$$

Diese fundamentale Gleichung verbindet alle thermodynamischen Größen mit der Zustandssumme.

Literaturhinweise

1. G. Joos, Lehrbuch d. Theoretischen Physik, 6. Buch, 2. Kapitel.
2. A. Sommerfeld, Vorlesungen über theoretische Physik, Bd. V, Thermodynamik und Statistik.
3. A. Eucken, Lehrbuch der chemischen Physik. Bd. II. 1.

4. Verteilungssätze der Molekulargeschwindigkeiten und Energien Kinetische Definition der Temperatur

Bemerkung: Im folgenden bedeutet $\mathfrak{v}$ durchweg einen Geschwindigkeitsvektor. Die einzelnen Komponenten von $\mathfrak{v}$ im Lageraum werden mit $\mathfrak{v}_x$, $\mathfrak{v}_y$, $\mathfrak{v}_z$ und Geschwindigkeitsbeträge allein mit v bezeichnet.

a) Geschwindigkeitsverteilung

Die Zweierstöße der Moleküle im Gasraum bewirken, daß die Geschwindigkeiten $\mathfrak{v}_i$ der einzelnen Teilchen sehr verschiedene Beträge v_i und Richtungen haben. Man versteht dies ohne weiteres aus der Betrachtung des schiefen elastischen Stoßes und kann daraus ableiten, daß bei endlichen v_{i_0} vor dem Stoß zweier massengleicher Stoßpartner die Beträge v_i nach dem Stoß alle Werte von 0 bis $\to \infty$ annehmen können. Eine Verteilungsfunktion $W(v)$ der Geschwindigkeitsbeträge aller Moleküle eines Gases stellt zugleich die Wahrscheinlichkeitsverteilung von v für ein einzelnes Molekül dar.

$W(v)$ soll nun berechnet werden. Wir betrachten hierzu ein ideales, einatomiges, ruhendes Gas von konstanter Temperatur T, auf dessen Moleküle praktisch keine äußeren Kräfte (wie z. B. die Schwerkraft) wirken. Dann ist die Gasdichte im Lageraum konstant, d. h. in jedem Volumenelement $dx \cdot dy \cdot dz$ befinden sich gleich viele Moleküle (im Gegensatz etwa zur barometrischen Höhenformel!). Die Stöße der Teilchen gegeneinander wie auch gegen die Gefäßwände seien elastische. Letzteres setzt glatte und total reflektierende Wände voraus, was bedeutet, daß der Impuls eines Teilchens beim Wandstoß nur seine Richtung ändert, nicht aber seinen Betrag.

Da das Gas als Ganzes im Gleichgewicht ruht, muß zunächst gelten

$$\sum_1^N \mathfrak{v}_i = \sum_i \mathfrak{v}_{ix} = \sum_i \mathfrak{v}_{iy} = \sum_i \mathfrak{v}_{iz} = 0. \tag{1}$$

Der Index $i = 1, \ldots N$ bezieht sich auf die einzelnen Moleküle, N bedeutet die Gesamtzahl aller Moleküle des Gases; $\mathfrak{v}_{ix}$, $\mathfrak{v}_{iy}$, $\mathfrak{v}_{iz}$ sind die Geschwindigkeitskomponenten. Außer der Translation tritt keine weitere Energieform auf. Unter diesen Voraussetzungen ist nun die Wahrscheinlichkeit dafür, ein Molekül in einer durch den Vektor $\mathfrak{v}$ festgelegten Zelle des Phasenraumes anzutreffen, gemäß (III_2 5) gegeben zu

$$W d\Omega = A \cdot e^{-\frac{m\mathfrak{v}^2}{2\mathrm{k}T}} \cdot d\Omega. \tag{2}$$

Im *Lageraum* (x, y, z) sind alle Volumenelemente gleich besetzt. Wir können über diesen also sofort integrieren. Wegen $\frac{m}{2\mathrm{k}T} = \text{const}$ genügt es ferner, nur im *Geschwindigkeitsraum* $(\mathfrak{v}_x, \mathfrak{v}_y, \mathfrak{v}_z)$ zu rechnen. Nun gilt

$$\mathfrak{v}^2 = |\,\mathfrak{v}\,|^2 = v^2, \tag{3}$$

d. h. es sind allein die *Geschwindigkeitsbeträge* maßgebend. Dies besagt, daß die *Richtungen* der Molekulargeschwindigkeiten im Lageraum *isotrop* verteilt sind, jede Richtung ist also gleich wahrscheinlich.

Als Volumenelement dV des Geschwindigkeitsraumes definieren wir auf Grund von (3) eine Kugelschale um den Nullpunkt mit dem Radius v und der Dicke dv

$$dV = 4\pi v^2 \cdot dv. \tag{4}$$

Dieses Volumenelement dV ist demnach nicht konstant im Gegensatz zu $d\mathfrak{v}_x\, d\mathfrak{v}_y\, d\mathfrak{v}_z$. Man erkennt, daß die Form der Verteilungsfunktion W mitbestimmt ist durch die Definition des Volumenelementes.

Drückt man nun das Ergebnis der Integration über den Lageraum zusammen mit A und den übrigen Konstanten durch eine neue Konstante B aus, so erhält man aus (2) mit (3) und (4)

$$W(v)\, dv = B \cdot v^2 \cdot e^{-\frac{mv^2}{2\mathrm{k}T}} \cdot dv. \tag{5}$$

Wir bestimmen sogleich die Konstante B aus der Normierungsbedingung

$$\int_0^\infty W(v)\, dv = 1 \tag{6}$$

zu

$$B = \frac{4}{\sqrt{\pi}} \left(\frac{m}{2\mathrm{k}T}\right)^{3/2} \tag{7}$$

und erhalten als Ergebnis

$$\boxed{W(v) = \frac{4}{\sqrt{\pi}} \left(\frac{m}{2\mathrm{k}T}\right)^{3/2} \cdot v^2 \cdot e^{-\frac{mv^2}{2\mathrm{k}T}}}\,, \tag{8}$$

das MAXWELLsche Gesetz für die Verteilung der Beträge der Molekulargeschwindigkeiten. $W(v)$ heißt die MAXWELLsche Verteilungsfunktion. Das Produkt

$$W(v)\,dv = \frac{dN_v}{N} \tag{8a}$$

gibt an, welcher Bruchteil $\frac{dN_v}{N}$ aller Moleküle einen Geschwindigkeitsbetrag im Intervall v bis $v + dv$ besitzt.

Die Funktion $W(v)$ verläuft nicht symmetrisch zu ihrem Mittelwert, da für kleine v-Werte der Faktor v^2, für hohe die e-Potenz hauptsächlich maßgebend ist. $W(v)$ besitzt ein Maximum, dessen Lage sich aus $\frac{dW}{dv} = 0$ leicht berechnen läßt, bei dem Geschwindigkeitswert w

$$\boxed{v_{\max} = w = \sqrt{\frac{2\,\mathrm{k}\,T}{m}}.} \tag{9}$$

Dieser Wert w bedeutet die *wahrscheinlichste* Geschwindigkeit. Da diese bei gegebener Temperatur konstant ist, läßt sich das MAXWELLsche Verteilungsgesetz noch etwas einfacher in reduzierter Form schreiben.

Setzt man die reduzierte Geschwindigkeit

$$c = \frac{v}{w}, \tag{9a}$$

so folgt aus (8) wegen $dv = w \cdot dc$ und $\left(\frac{m}{2\,\mathrm{k}\,T}\right)^{3/2} = \frac{1}{w^3}$

$$\boxed{f(c) = \frac{4}{\sqrt{\pi}}\, c^2 \cdot e^{-c^2}} \tag{10}$$

als einfachster Ausdruck für die MAXWELLsche Verteilungsfunktion. Den Verlauf der Funktion $f(c)$ zeigt **Abbildung III, 1a.**

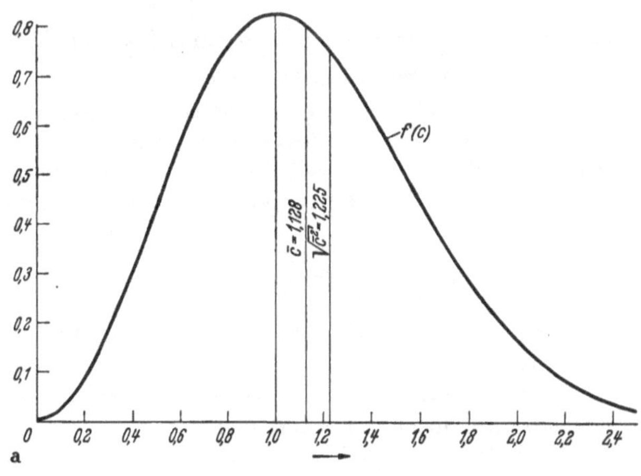

Abb. III, 1a: MAXWELLsche Verteilungsfunktion $f(c)$ der Molekulargeschwindigkeiten in reduzierter Form $c = \frac{v}{w}$. (Als Abszissenmaßstab ist c aufgetragen.)

Für die Praxis sind nun 2 Mittelwerte von v besonders wichtig, nämlich der *arithmetische Mittelwert* $\bar{v}$ und das *mittlere Geschwindigkeitsquadrat* $\overline{v^2}$. Zu ihrer Berechnung gehen wir aus von (10).

Definitionsgemäß ist

$$\bar{c} = \frac{\frac{4}{\sqrt{\pi}} \int\limits_0^\infty c^3 e^{-c^2}\, dc}{\frac{4}{\sqrt{\pi}} \int\limits_0^\infty c^2 e^{-c^2}\, dc}. \tag{11}$$

Der Nenner hat aus Normierungsgründen den Wert 1 (wir können ihn deshalb fortlassen), das Integral im Zähler berechnet sich zu $^1/_2$. Mithin erhält man

$$\bar{c} = \frac{2}{\sqrt{\pi}} = 1{,}1284 \tag{12a}$$

und

$$\boxed{\bar{v} = \bar{c} \cdot w = \sqrt{\frac{8\mathrm{k}T}{\pi m}} = \sqrt{\frac{8RT}{\pi M}}} \tag{12}$$

Entsprechend ergibt sich

$$\overline{c^2} = \frac{4}{\sqrt{\pi}} \int\limits_0^\infty c^4 \cdot e^{-c^2} \cdot dc = \frac{3}{2} \qquad \sqrt{\overline{c^2}} = \sqrt{\frac{3}{2}} = 1{,}2247 \tag{13a}$$

$$\boxed{\overline{v^2} = \overline{c^2} \cdot w^2 = \frac{3\mathrm{k}T}{m} = \frac{3RT}{M}} \tag{13}$$

und

$$w : \bar{v} : \sqrt{\overline{v^2}} = 1 : 1{,}12 : 1{,}23. \tag{13b}$$

Die Werte $c = 1$, $\bar{c}$ und $\sqrt{\overline{c^2}}$ sind in der **Abbildung III, 1a** bei der Kurve $f(c)$ eingetragen.

Aus (13b) geht hervor, daß die Verwendung eines falschen Mittelwertes, etwa $\sqrt{\overline{v^2}}$ anstatt $\bar{v}$, einen Fehler von rd. 10% verursacht, der sich jedoch verdoppelt, wenn es sich um $\bar{v}^2$ bzw. $\overline{v^2}$ handelt! Wir werden im nächsten Abschnitt wesentlichen Gebrauch von den hier eingeführten Mittelwerten machen.

Weiterhin sei nun kurz die Verteilungsfunktion $\varphi(c_x)$ einer *einzelnen Geschwindigkeitskomponente* v_x angegeben. Alle 3 Komponenten sind gleich verteilt, wie aus dem Ansatz

$$W(\mathfrak{v}_x)\, d\mathfrak{v}_x = C' \cdot e^{-\frac{\mathfrak{v}_x^2 + \mathfrak{v}_y^2 + \mathfrak{v}_z^2}{w^2}}\, d\mathfrak{v}_x d\mathfrak{v}_y d\mathfrak{v}_z \tag{14}$$

hervorgeht (als Volumenelement im Geschwindigkeitsraum muß jetzt die Größe $dv_x \cdot dv_y \cdot dv_z$ gewählt werden).

Integration über alle zu einem Intervall v_x bis $v_x + dv_x$ gehörenden v_y und v_z liefert eine weitere Konstante. Führen wir sofort ein

$$c_x = \frac{v_x}{w},$$

so entsteht

$$W(v_x)\, dv_x = C \cdot e^{-c_x^2}\, dc_x. \tag{15}$$

Für C erhält man mit Hilfe der Normierung

$$1 = C\int\limits_0^\infty e^{-c_x^2}\,dc_x$$

den Wert $\frac{2}{\sqrt{\pi}}$. Unter c_x^2 sind aber bisher die x-Komponenten beiderlei Vorzeichens verstanden. Wir interessieren uns nur für v_x in einer Richtung und müssen daher schreiben

$$\boxed{\varphi(c_x) = \frac{1}{\sqrt{\pi}}\,e^{-c_x^2}}\,. \tag{16}$$

Diese Funktion stellt die Hälfte einer Gauss-Verteilung dar (s. **Abbildung III, 1b**) und unterscheidet sich somit grundsätzlich von $f(c)$. Dieser Befund entspricht auch unserer Forderung (1).

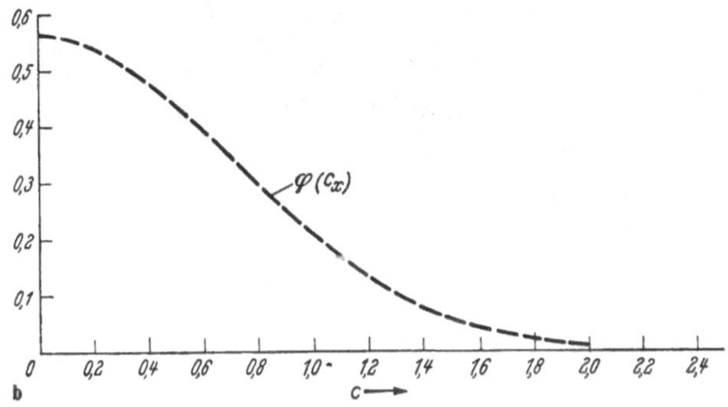

Abb. III, 1b: Verteilungsfunktion $\varphi(c_x)$ einer einzelnen Geschwindigkeitskomponente in $+x$-Richtung. $\varphi(c_x)$ ist die Hälfte einer Gaussschen Fehlerkurve.

Historisch sei bemerkt, daß Maxwell bei seiner Ableitung von $W(v)$ von einer Gauss-Verteilung der Komponenten ausging. Wir haben dagegen den besser fundierten Weg von Boltzmann eingeschlagen und dabei die Verteilungsfunktion (16) als Resultat erhalten.

In der **Abbildung III, 1c** ist aufgetragen das Integral

$$F(c) = \frac{N_c}{N} = \int\limits_0^{c_0} f(c)\,dc\,, \tag{17}$$

welches den Bruchteil aller Teilchen angibt, deren $c \leqq c_0$.

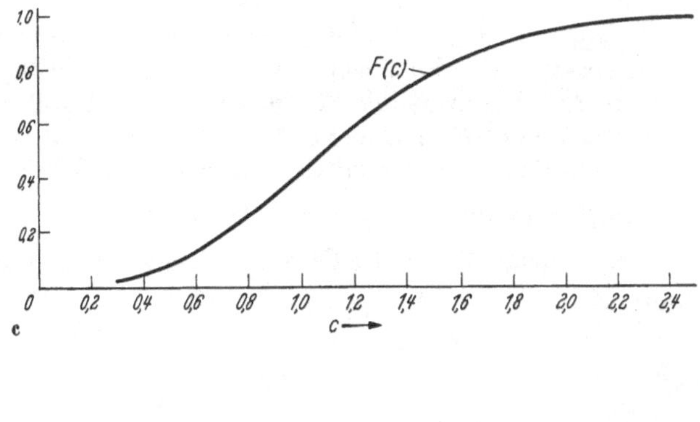

Abb. III, 1c: Darstellung des Integrals $F(c) = \int\limits_0^{c_0} f(c)\,dc$, d. h. des Bruchteiles aller Moleküle eines Gases, deren reduzierte Geschwindigkeit zwischen 0 und einem festen Wert c_0 liegt.

b) Energieverteilung und Temperatur

Es ist sehr instruktiv, aus der Verteilung $f(c)$ der Geschwindigkeiten noch die Energieverteilung der Moleküle auszurechnen. Hierzu setzen wir die Energie E in reduzierter Form an

$$\frac{E}{\mathsf{k}T} = \frac{mv^2}{2\mathsf{k}T} = \frac{v^2}{w^2} = c^2 = x \tag{18}$$

und erhalten aus (10) wegen $dc = \dfrac{dx}{2\sqrt{x}}$

$$\boxed{g(x) = 2\sqrt{\frac{x}{\pi}}\, e^{-x}} \tag{19}$$

als die zu $f(c)$ gehörige Verteilungsfunktion der Energie, deren Verlauf in **Abbildung III, 1 d** wiedergegeben ist. Ebenso wie $f(c)$ besitzt auch $g(x)$ ein Maximum, d. h. es existiert auch eine wahrscheinlichste Energie. Es ist jedoch zu beachten, daß das Maximum von $g(x)$ bei $x = {}^1/_2$ liegt. Die wahrscheinlichste Energie E_w der Gasmoleküle ist demnach $= {}^1/_2 \mathsf{k} T$ und nicht, wie vielleicht zu vermuten $E = \mathsf{k} T = {}^1/_2 \cdot m \cdot w^2$. Dies liegt in der verschiedenen Dimension von dc und dx begründet.

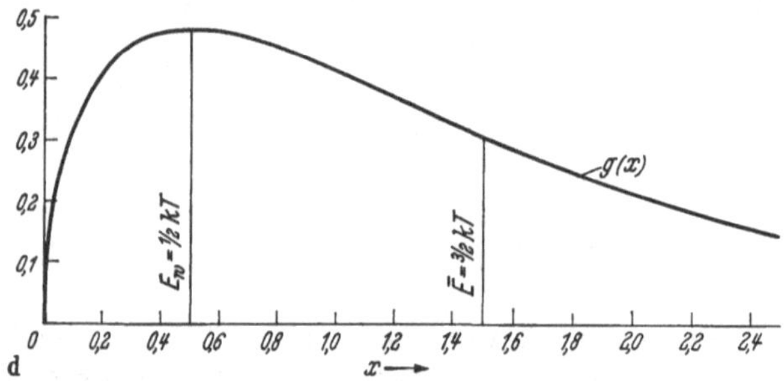

Abb. III, 1 d: Die Funktion $g(x)$ mit $x = c^2$ stellt die zu $f(c)$ in Abb. III, 1a gehörende Verteilung der kinetischen Energien dar.

Den arithmetischen Mittelwert $\bar{x}$ erhalten wir zu

$$\bar{x} = \frac{2}{\sqrt{\pi}} \int_0^\infty x^{3/2} e^{-x} \cdot dx = \frac{3}{2}\,. \tag{20}$$

Die mittlere kinetische Energie eines Gasmoleküls ist somit

$$\boxed{\bar{E} = \frac{1}{2} \cdot m \cdot \overline{v^2} = \frac{3}{2} \cdot \mathsf{k} \cdot T} \tag{21}$$

Zu demselben Ergebnis wären wir bereits mit Hilfe von (13) gelangt, allerdings ohne genaue Kenntnis der Energieverteilung. Durch die fundamentale — rein aus dem BOLTZMANN-Prinzip herleitbare — Beziehung (21) wird die Temperatur eines Gases verknüpft mit der mittleren kinetischen Energie seiner Moleküle und damit die Temperatur kinetisch definiert. Der Mittelwert $\frac{3}{2}\,\mathsf{k}T$ gilt für die 3 Freiheitsgrade der Translation. Wegen der Gleichverteilung ist die mittlere Energie *eines* Freiheitsgrades $\frac{1}{2} \cdot \mathsf{k} \cdot T$.

Die „spezifische" Wärme eines einzelnen Atoms bei konstantem Volumen folgt aus (21) direkt zu 3/2 k und für N_A-Atome im Mol zu

$$c_v = \frac{3}{2}\,\mathrm{k}N_A = \frac{3}{2}\,R. \tag{22}$$

Dieses Resultat ist auf thermodynamischem Wege nicht ableitbar (sondern nur die Beziehung $c_p - c_v = R$). Moleküle besitzen außer den 3 translatorischen noch weitere Freiheitsgrade für Rotationen und für Schwingungen. Jeder dieser zusätzlichen Freiheitsgrade hat im klassischen Fall die spezifische Wärme $= 1/2\,\mathrm{k}\,N$ und eine mittlere kinetische Energie $= 1/2\,\mathrm{k}\,T$ pro Molekül. Die Einstellung der Temperaturgleichheit von Translation, Rotation und Schwingung hängt von der Energieübertragung bei den Stößen der Gasmoleküle ab. Falls nur wenig oder keine Energie (z. B. Translation $\longleftrightarrow$ Rotation) ausgetauscht wird, kann in einem Gase die Translationstemperatur verschieden sein von T_{rot} oder T_{osc}, d. h. die Einstellung völligen Gleichgewichtes aller Temperaturen kann u. U. längere Zeit erfordern.

Damit schließen wir die Behandlung der Verteilungssätze und wenden uns der kinetischen Herleitung der allgemeinen Gasgesetze zu, wobei insbesondere die Verteilungsfunktion (16) $\varphi(c_x)$ sehr nützlich sein wird.

5. Kinetische Ableitung der Zustandsgleichung und Zahl der Wandstöße

Der Gasdruck hat die Dimension Kraft/Flächeneinheit. Nach dem kinetischen Modell wird er erzeugt durch die Stöße der Moleküle gegen die Gefäßwand. Jedes Teilchen, das eine Impulskomponente mv_x senkrecht zu einer elastisch reflektierenden Wand besitzt, überträgt beim Stoß auf diese Wand insgesamt den Impuls

$$2mv_x.$$

Dieser Betrag setzt sich aus Auftreff- und Rückstoßimpuls zusammen.

Sind nun insgesamt n Moleküle im cm³ vorhanden, von denen der Bruchteil $\frac{dn_x}{n}$ eine Geschwindigkeitskomponente im Intervall v_x bis $v_x + dv_x$ hat, so stoßen

$$dz = n \cdot v_x \cdot \frac{dn_x}{n} = v_x dn_x \tag{1}$$

solcher „v_x-Moleküle" pro sec auf 1 cm² Wandfläche, und der von ihnen dabei übertragene Impuls ergibt den Druck als Impulsänderung/Zeit · Fläche

$$dP = 2m \cdot n \cdot v_x^2 \cdot \frac{dn_x}{n}\,. \tag{2}$$

Nach (III_4 16) ist

$$\frac{dn_x}{n} = \varphi(c_x)\,dc_x = \frac{1}{\sqrt{\pi}}\,e^{-c_x^2}\,dc_x, \tag{3}$$

so daß die Impulsübertragung durch alle überhaupt auftreffenden Moleküle durch die Integration

$$P = \frac{2}{\sqrt{\pi}}\,m \cdot n \cdot w^2 \int\limits_0^\infty c_x^2\,e^{-c_x^2}\,dc_x \tag{4}$$

gegeben ist. Das Integral in (4) hat den Wert $\frac{\sqrt{\pi}}{4}$. Mithin ergibt sich der gesamte Gasdruck unter Verwendung von (III_4 13, S. 46) zu

$$\boxed{P = \frac{1}{2}\,m \cdot n \cdot w^2 = \frac{1}{3}\,m \cdot n \cdot \overline{v^2}}\,. \tag{5}$$

Substituiert man in dieser Formel $^1/_2 \cdot m \cdot w^2 = \mathsf{k} \cdot T$ (s. III_4 9, S. 45), so resultiert die einfache Beziehung

$$\boxed{P = n \cdot \mathsf{k} T} \tag{6}$$

Multiplikation von (6) mit dem Gasvolumen V liefert die allgemeine Gasgleichung in der Form

$$P \cdot V = N \cdot \mathsf{k} \cdot T. \tag{7}$$

Für die Gesamtzahl N der Gasmoleküle können wir setzen

$$N = \nu \cdot N_A, \tag{8}$$

wenn ν die Anzahl Mole und N_A die AVOGADROsche Zahl (Moleküle im Mol) bedeutet, und bekommen damit als Ergebnis die Zustandsgleichung für ideale Gase

$$\boxed{P \cdot V = \nu N_A \cdot \mathsf{k} \cdot T = \nu R T} \tag{9}$$

und die bereits in III_2 2, S. 37 angegebene Beziehung

$$\boxed{\mathsf{k} = \frac{R}{N_A}} \tag{10}$$

Aus (10) ist zu ersehen, daß der Weg zur Bestimmung des Zahlenwertes der BOLTZMANNschen Konstanten k über die Bestimmung von N_A geht, oder wenn in *cgs*-Einheiten gerechnet wird, über die LOSCHMIDTsche Zahl N_L Moleküle/cm³ unter Normalbedingungen von $T_0 = 273{,}16\ {}^0K$ und $P = 1$ Atmosphäre $= 1{,}01325 \cdot 10^6$ Mikrobar. Der genaueste Wert von N_A läßt sich experimentell aus der Beziehung

$$N_A = \frac{F}{e} \tag{11}$$

gewinnen, da sowohl die Äquivalentladung 1 F = 96488 Coulomb wie die Elementarladung $e = 1{,}60203 \cdot 10^{-19}$ Coulomb mit hoher Präzision gemessen sind. Mit diesen Zahlenwerten von F und e erhält man

$$N_A = 6{,}0228 \cdot 10^{23}\ \frac{\text{Moleküle}}{\text{Mol}} \quad \text{und mit}$$
$$R = 8{,}3146 \cdot 10^7\ \text{erg}/{}^0K\ \text{Mol}$$

schließlich den Zahlenwert der BOLTZMANN-Konstanten

$$\boxed{\mathsf{k} = 1{,}3805 \cdot 10^{-16}\ \ \text{erg/grad.}}$$

Die Gasgleichung (9), die wir rein kinetisch abgeleitet haben, liefert uns die fundamentale Verknüpfung von mikrophysikalischen mit makrophysikalischen Größen. Da bei der kinetischen Behandlung der Gasgesetze zweckmäßigerweise mit *cgs*-Einheiten, bei der thermodynamischen jedoch in anderen Maßsystemen gerechnet wird, sind auf S. XVI die wesentlichen Konstanten und Meßgrößen in verschiedenen gebräuchlichen Maßeinheiten angegeben.

Tabelle III, 1 enthält eine Reihe von Werten der numerischen Gasdichte n in cm^{-3} bei verschiedenen Drucken und Temperaturen, berechnet aus (6).

Tab. III, 1. Numerische Gasdichte n berechnet für einige Temperaturen und Drucke nach der Beziehung ($III_5 6$) $P = n \cdot k \cdot T$.

T	P		n
°K	Mikrobar (μb)	Torr	cm^{-3}
273,16	$1{,}0133 \cdot 10^6$	760	$2{,}687 \cdot 10^{19}$
298,16	$1{,}0133 \cdot 10^6$	760	$2{,}462 \cdot 10^{19}$
273,16	$1{,}333 \cdot 10^3$	1	$3{,}536 \cdot 10^{16}$
298,16	$1{,}333 \cdot 10^3$	1	$3{,}240 \cdot 10^{16}$
273,16	1,000	$7{,}5 \cdot 10^{-4}$	$2{,}653 \cdot 10^{13}$
298,16	1,000	$7{,}5 \cdot 10^{-4}$	$2{,}430 \cdot 10^{13}$

Für einige Gase sind ferner in **Tabelle III, 2** nach (III_4 12) berechnete Werte von $\bar{v}$ verzeichnet, die schon bei Zimmertemperatur ($T \approx 300\ ^0K$) hohe Beträge von der Größenordnung der Schallgeschwindigkeit $\cong 10^4$ cm/sec aufweisen.

Tab. III, 2. Mittlere Molekulargeschwindigkeiten $\bar{v}$ $\left(\text{berechnet aus } (III_4 12)\ \bar{v} = \sqrt{\frac{8RT}{\pi M}}\right)$ und Wandstoßzahlen z_w $\left(\text{berechnet nach } (III_5 13)\ z_w = \frac{n\bar{v}}{4}\right)$ bei 0° Celsius und 1 Torr = 1 mm Hg.

Gas oder Dampf	Massenzahl M	$\bar{v} \cdot 10^{-4}$ cm/sec	$z_w \cdot 10^{-20}$ Moleküle/cm² · sec
H_2	2,016	16,93	14,97
He	4,003	12,01	10,63
CH_4	16,04	6,005	5,308
H_2O	18,02	5,665	5,007
N_2	28,02	4,542	4,015
O_2	32,00	4,252	3,758
CO_2	44,01	3,624	3,204
CCl_4	153,8	1,939	1,714

Bei der Ableitung der kinetischen Druckformel (5) sind wir davon ausgegangen, daß $dz = v_x \cdot dn_x$ Teilchen mit der Geschwindigkeitskomponente v_x pro sec auf ein cm² Wandfläche stoßen (1). Dabei ist bereits einbezogen, daß die Anzahl dn_x aus allen Raumrichtungen einfällt. Fragen wir nun nach der Gesamtzahl aller Moleküle, die aus sämtlichen Richtungen mit verschiedenen Geschwindigkeitsbeträgen im Mittel pro sec auf 1 cm² treffen, so brauchen wir hierzu auf Grund von (1) und (3) nur zu bilden

$$\int dz = z = n \int v_x \frac{dn_x}{n} = \frac{n}{\sqrt{\pi}} w \int_0^\infty c_x \cdot e^{-c_x^2}\, dc_x. \tag{12}$$

Das rechts stehende Integral hat den Wert $+ {}^1/_2$. Damit erhalten wir die wichtige Beziehung

$$\frac{n}{2\sqrt{\pi}} w = \frac{n}{4} \sqrt{\frac{8 \mathrm{k} T}{\pi m}} = \boxed{\frac{n\bar{v}}{4} = z_w} \quad \frac{\text{Teilchen}}{\text{cm}^2\,\text{sec}} \tag{13}$$

für die mittlere *Wandstoßzahl*/sec cm², z. B. $\cong 10^{23}$ bei 1 Atmosphäre. (Genaue Werte von z_w s. Tab. III, 2.)

Gasgemische. Die bisher abgeleiteten Formeln beziehen sich auf Gase, die aus *exakt gleichen* Atomen bestehen. Mit Hilfe des BOLTZMANN-Prinzips läßt sich ebenfalls für *Gasgemische* die Zustandgleichung kinetisch herleiten. Wir beschränken uns auf die Angabe des Resultats für ein Gemisch aus 2 Komponenten mit den Partialdrucken P_1 und P_2

$$P_1 = \frac{\mathsf{k} N_1 T}{V} \qquad P_2 = \frac{\mathsf{k} N_2 T}{V} \tag{14}$$

$$P_1 + P_2 = P,$$

das sich als Folge davon ergibt, daß für alle beiden Komponenten der Mischung gilt

$$\frac{1}{2} m_1 \overline{v_1^2} = \frac{1}{2} m_2 \overline{v_2^2} = \frac{3}{2} \mathsf{k} T. \tag{15}$$

Auch in Gasmischungen haben also im Gleichgewicht die verschiedenen Atomarten gleiche Temperatur und jede Atomsorte besitzt MAXWELLsche Geschwindigkeitsverteilung, wobei die Verteilungsfunktionen der einzelnen Mischungskomponenten sich unterscheiden im Zahlenwert der Teilchenmassen.

Aus (15) folgt die für die Behandlung von Gasmischungen (Isotopenmischungen) wichtige Beziehung

$$\frac{\bar{v}_1}{\bar{v}_2} = \sqrt{\frac{m_2}{m_1}}. \tag{16}$$

Bei einer Gasmischung $n_1 + n_2 = n$ ist demnach auf Grund von (13) und (16) das Verhältnis der Wandstoßzahlen gegeben durch

$$\frac{z_1}{z_2} = \frac{n_1 \bar{v}_1}{n_2 \bar{v}_2} = \frac{n_1}{n_2} \sqrt{\frac{m_2}{m_1}}. \tag{17}$$

6. Mittlere freie Weglänge und Wirkungsquerschnitt

Aus den Stoßgesetzen geht hervor, daß ein Teilchen *nach* einem Stoß für gewöhnlich nicht mehr in seiner ursprünglichen Richtung weiter fliegt. Auf diesem Sachverhalt basiert die Definition der mittleren freien Weglänge.

Wir betrachten ein Modell-Gas, bestehend aus unregelmäßig im Raume verteilten Molekülen, die wir zunächst als ruhend ansehen wollen. In dieses Gas werde nun parallel eine Anzahl N_0 mit gleicher Geschwindigkeit fliegender Moleküle hineingeschossen. Stößt eines der N_0 Teilchen auf ein Gasmolekül, so wird es aus dem Schwarm N_0 entfernt. Ein Beobachter, der nur die Anzahl der parallel fliegenden Strahlteilchen registriert, stellt dann fest, daß diese mit wachsender Wegstrecke x im Gase abnimmt. Denselben Effekt ruft auch bei konstant gehaltenem Strahlweg x eine Erhöhung der Gasdichte hervor. Die Wegstrecke x sei im Verein mit der Gasdichte so gewählt, daß nur wenige Stöße vorkommen und infolgedessen die Projektionen der „Stoßsphären" auf eine Ebene senkrecht zur x-Richtung sich nicht überlappen.

Aus diesem Modell folgt, daß der Teilchenverlust $-dN$ auf einer Wegstrecke dx proportional der Anzahl $N(x)$ der bei x ankommenden Teilchen ist.

$$-\frac{dN}{dx} = \frac{1}{\lambda} N(x). \tag{1}$$

Der zunächst rein formal angeschriebene Proportionalitätsfaktor $\frac{1}{\lambda}$ hat die Dimension einer reziproken Länge. Mit der Randbedingung

$$N(0) = N_0$$

erhalten wir durch Integration von (1)

$$N(x) = N_0 \cdot e^{-\frac{x}{\lambda}}. \tag{2}$$

$N(x)$ bedeutet die Anzahl Teilchen, welche die Strecke x *stoßfrei* durchflogen haben. Die Form dieser Gleichung stimmt überein mit dem bekannten Schwächungsgesetz für Strahlungen $I = I_0 e^{-\mu x}$. Wir könnten deshalb $1/\lambda$ zunächst formal als einen „reziproken Schwächungs-(Absorptions-)Koeffizienten" interpretieren.

Die Strecke x stellt eine sogenannte *freie Weglänge* dar. Um ihren Mittelwert zu finden, müssen wir das zugehörige Verteilungsgesetz kennen, also die Wahrscheinlichkeit $W(x) \cdot dx$ für das Auftreten einer freien Weglänge zwischen x und $x + dx$. Dieses Verteilungsgesetz erhält man auf einfache Weise, indem man in (1) den Ausdruck für $N(x)$ aus (2) einsetzt:

$$W(x) \cdot dx = -\frac{dN}{N_0} = \frac{1}{\lambda} \cdot e^{-\frac{x}{\lambda}} dx \quad \text{(Clausiussches Gesetz).} \tag{3}$$

Die Verteilung der freien Weglängen hat also die Form einer einfachen e-Funktion. Der gesuchte Mittelwert $\bar{x}$, d. h. die mittlere freie Weglänge ergibt sich hieraus zu

$$x = \frac{1}{\lambda} \int_0^\infty x e^{-\frac{x}{\lambda}} dx = \lambda. \tag{4}$$

Schreiben wir (2) in der Form

$$\frac{N(x)}{N_0} = \frac{1}{\lambda} \int_0^x e^{-\frac{x}{\lambda}} dx = e^{-\frac{x}{\lambda}}, \tag{5}$$

so erkennen wir daran sofort die Bedeutung der Größe λ als derjenigen Wegstrecke, die mit der Wahrscheinlichkeit $1/e$ *ohne* Stoß durchflogen wird. Die Wahrscheinlichkeit *für* einen Stoß auf der Strecke λ beträgt $(1 - 1/e)$.

Bei unserer reichlich formal ausgeführten Herleitung von λ haben wir angenommen, daß die Moleküle im Vergleich zu λ sehr kleine Querschnitte besitzen, weil wir im Modellbild nur wenige Stöße zugelassen haben. Dadurch enthält unsere Definition von λ keinen Bezug auf irgendeinen Stoßmechanismus, vielmehr kann dabei jede noch so geringfügige Ablenkung eines N_0-Teilchens als Stoß angesehen werden. Für die Winkelablenkung eines stoßenden Teilchens m_1 bei der Wechselwirkung mit einem getroffenen Molekül m_2 ist maßgebend das Kraftgesetz der Wechselwirkung, von dem deshalb auch der Wert von λ abhängt[1]).

Die einfachsten Bedingungen liegen vor bei Stößen zwischen zwei starrelastischen Kugeln mit den Radien r_1 und r_2 (Clausius). Hier läßt sich quantitativ eindeutig aussagen, daß jede Annäherung der Kugelmittelpunkte auf den Abstand $a = r_1 + r_2$ als Stoß zu werten ist. Fliegen die beiden Teilchen dagegen in einem kürzesten Abstand $a > r_1 + r_2$ aneinander vorbei, so tritt kein Stoß und keine Ablenkung ein.

---

[1]) Über verschiedene gebrauchte Potentialformen s. Artikel Waldmann, Hdb. d. Phys. Bd. XII, Thermodynamik der Gase, Fig. 28 a—e, S. 340.

Das starrelastische Kugelmodell beschreibt die Stoßwechselwirkung jedoch nur in erster Näherung. Genauere Theorien (Maxwell, Sutherland, Chapman, Lennard-Jones, Slater) gehen von verschiedenen Kraftgesetzen aus, die experimentell geprüft werden können etwa an der Temperaturabhängigkeit von λ. Rechnet man z. B. mit dem Kugelmodell und einer überlagerten Kraft zwischen den Kugeln (Sutherland), so ist sofort einzusehen, daß die m. fr. Weglänge kleiner herauskommt als im starrelastischen Kugelmodell, weil die überlagerte Kraft schon bei einer Annäherung auf $a > r_1 + r_2$ zur Ablenkung führt und deshalb als Stoß zu werten ist. Aus diesen Überlegungen geht bereits hervor, daß λ in der Praxis keine sehr exakt angebbare Größe ist.

Die eben erwähnten genaueren Stoßtheorien sind mathematisch äußerst kompliziert. Wir beschränken uns deshalb bei den weiteren Rechnungen durchweg auf die Stöße von starrelastischen Kugeln und geben, soweit für die Praxis erforderlich, die Formeln der exakten Theorie zusätzlich an, die sich im allgemeinen nur im Zahlenfaktor von den Ergebnissen der elementaren Theorie unterscheiden.

Wir betrachten jetzt ein einzelnes Kugelteilchen m_1 mit dem Radius r_1, das in einem *ruhenden* Gas $m_2 \gg m_1$ mit der Geschwindigkeit v dahinfliegt. Der Radius der Gasteilchen sei r_2, ihre Dichte n_2. Während der Zeiteinheit durchfliegt das Teilchen m_1 für sich ein Zylindervolumen $\pi r_1^2 \cdot v$. Dabei stößt es gegen alle ruhenden Teilchen m_2, deren Mittelpunkte innerhalb eines senkrechten Abstandes $a \leqq r_1 + r_2$ von seiner Flugrichtung liegen. Das insgesamt durchfegte „Stoßvolumen" beträgt daher $V = \pi(r_1 + r_2)^2 \cdot v$. In ihm sind $V \cdot n_2$ ruhende Teilchen enthalten. Demnach führt das fliegende Teilchen pro Zeiteinheit im Mittel

$$\zeta = \pi(r_1 + r_2)^2 \cdot n_2 \cdot v \text{ sec}^{-1} \tag{6}$$

Stöße aus entlang einer Strecke von der Länge v. Die mittlere Stoßzahl auf dieser Strecke ist andrerseits einfach gegeben durch

$$\boxed{\zeta = \frac{v}{\lambda} \text{ sec}^{-1}} \,. \tag{7}$$

Aus (6) und (7) folgt somit

$$\boxed{\lambda_0 = \frac{1}{\pi(r_1 + r_2)^2 n_2} = \frac{1}{\pi a^2 n_2} \text{ cm}} \,. \tag{8}$$

$\sigma_{12} = \pi a^2 = \pi(r_1 + r_2)^2$ wird als „gaskinetischer Stoßquerschnitt" bezeichnet. Der „Stoßradius" a ist die Summe der Radien der Stoßpartner. λ_0 bedeutet die m. fr. Weglänge gegen *ruhende* Stoßpartner.

Wenn $m_1 = m_2$ und beide Stoßpartner mit Maxwell-Verteilung sich bewegen, wird $\lambda < \lambda_0$. Die Rechnung ergibt für diesen Fall (s. (III_7 4) S. 56 im folgenden Abschnitt):

$$\boxed{\lambda = \frac{1}{\sqrt{2}\,\pi(r_1 + r_2)^2 n} = \frac{\mathsf{k} T}{\sqrt{2}\,\pi(r_1 + r_2)^2 P}} \text{ cm.} \tag{9}$$

Allgemein gilt somit wegen $P = n\,\mathsf{k}\,T$ für $T = \text{const.}$

$$\lambda_P \cdot P = \lambda_1 \cdot P_1 \,. \tag{10}$$

Durch diese Beziehung ist bei Kenntnis von λ_1 bei $P_1 = 1$ für alle sonstigen Gasdrucke λ_P gegeben.

Wir berechnen noch als Beispiel die m. fr. Weglänge von He-Atomen in He und von Elektronen in He. Der Stoßradius von He hat den Wert $a = 2r_0 \approx 2{,}2 \cdot 10^{-8}$ cm. Bei 0 °C und 1 Torr ist $n = 3{,}54 \cdot 10^{16}$ cm^{-3}. Mit diesen Werten erhält man aus (9)

$$\lambda_1 = \frac{1}{\sqrt{2} \cdot \pi \cdot 4{,}85 \cdot 3{,}54} = 1{,}3 \cdot 10^{-2} \text{ cm für He.}$$

Für Elektronen müssen wir dagegen (8) verwenden, da ihnen gegenüber die He-Atome praktisch ruhen. Ferner ist das Elektron als punktförmig anzusehen und deshalb $a = r_0$. Somit folgt unter gleichen Bedingungen die m. fr. Weglänge von Elektronen in He zu

$$\lambda_e = 4\sqrt{2}\,\lambda_1 = 7{,}4 \cdot 10^{-2} \text{ cm.}$$

7. Stoßzahlen im Gasraum

a) Zweierstöße

In der Reaktionskinetik ist von grundsätzlichem Interesse die Zahl z_{12} der Zweierstöße pro cm³ und sec zwischen den verschiedenen Teilchensorten einer Gasmischung $n = n_1 + n_2$. Zur Berechnung von z_{12} führt man zweckmäßigerweise ein den Betrag der mittleren Relativgeschwindigkeit $\overline{v_{12}}$ der beiden Teilchenarten. Definitionsgemäß ist

$$\mathfrak{v} = \mathfrak{v}_1 - \mathfrak{v}_2 \qquad \text{bzw.}$$
$$\mathfrak{v}_{12}^2 = v_{12}^2 = (\mathfrak{v}_{x1} - \mathfrak{v}_{x2})^2 + (\mathfrak{v}_{y1} - \mathfrak{v}_{y2})^2 + (\mathfrak{v}_{z1} - \mathfrak{v}_{z2})^2. \tag{1a}$$

Auf Grund von (III_4 1, S. 44) sind alle Mittelwerte

$$\overline{\mathfrak{v}_x} = \overline{\mathfrak{v}_y} = \overline{\mathfrak{v}_z} = 0,$$

und

$$v_{12}^2 = v_{x1}^2 + v_{y1}^2 + v_{z1}^2 + v_{x2}^2 + v_{y2}^2 + v_{z2}^2,$$

so daß mit Hilfe von (III_4 12, S. 46) sich $\overline{v_{12}}$ ergibt zu

$$\overline{v_{12}} = \sqrt{\overline{v_1^2} + \overline{v_2^2}} = \sqrt{\frac{8\mathrm{k}T}{\pi}\left(\frac{1}{m_1} + \frac{1}{m_2}\right)} = \sqrt{\frac{8\mathrm{k}T}{\pi m_{12}}}. \tag{1b}$$

$$m_{12} = \frac{m_1 m_2}{m_1 + m_2} \tag{1c}$$

bedeutet die reduzierte Masse (im Falle gleicher Massen $m_1 = m_2$ ist z. B. $m_{11} = m_1/2$).

Die Einführung von $\overline{v_{12}}$ hat den Vorteil, daß wir die eine Teilchensorte als ruhend betrachten und in (III_6 7, S. 54) den Ausdruck (III_6 8, S. 54) für die mittlere freie Weglänge λ_{12} einsetzen können. Ein Molekül der Sorte 1 führt demnach gegen Moleküle der Sorte 2

$$\zeta_{12} = \frac{\overline{v_{12}}}{\lambda_{12}} = \sigma_{12} \cdot \overline{v_{12}} \cdot n_2 \text{ sec}^{-1} \tag{2}$$

Stöße aus. Sind nun n_1 Moleküle im cm³ enthalten, so beträgt die gesamte Zweierstoßzahl 1 gegen 2

$$\boxed{z_{12} = \zeta_{12} \cdot n_1 = \sigma \cdot \overline{v_{12}} \cdot n_1 \cdot n_2 = \sigma_{12} \cdot \sqrt{\frac{8\mathrm{k}T}{\pi}\left(\frac{1}{m_1} + \frac{1}{m_2}\right)} \cdot n_1 \cdot n_2 \text{ cm}^{-3}\text{ sec}^{-1}} \tag{3}$$

oder abgekürzt

$$z_{12} = k_0 n_1 n_2 \tag{3a}$$

mit

$$k_0 = \sigma_{12} \cdot \overline{v_{12}} = \sigma_{12} \sqrt{\frac{8\,\mathrm{k}T}{\pi m_{12}}}. \tag{3b}$$

Die Zahl der Zweierstöße zwischen den Teilchen einer einzigen Sorte beträgt gegenüber (3)

$$\boxed{z_{11} = \frac{1}{2}\zeta_{11} \cdot n_1 = \frac{\sigma_{11}\overline{v_{11}}}{2} \cdot n_1^2 = \frac{1}{\sqrt{2}}\sigma_{11} \cdot \overline{v_1} \cdot n_1^2 \,\mathrm{cm}^{-3}\,\mathrm{sec}^{-1}}. \tag{4}$$

Der Faktor $^1/_2$ tritt hinzu, da sonst diese Stöße doppelt gezählt würden. Aus (4) folgt somit auch der Ausdruck (III_6 9, S. 54) für λ zwischen gleichen bewegten Molekülen.

Wir können nun auch das für die Reaktionskinetik wichtige Verhältnis von Wandstoßzahl zu Zweierstoßzahl angeben. Die mittlere Zahl aller Stöße auf die gesamte Wandfläche F beträgt in einem einheitlichen Gas nach (III_5 13, S. 51)

$$F \cdot z_w = F\frac{n\bar{v}}{4}, \tag{5}$$

die der Zweierstöße im Volumen V nach (4)

$$V \cdot z_{11} = \frac{\bar{v}n}{2\lambda} V. \tag{6}$$

Mithin ist das gesuchte Verhältnis einfach gegeben zu

$$\boxed{\frac{F \cdot z_w}{V \cdot z_{12}} = \frac{\lambda}{2}\frac{F}{V}}. \tag{7}$$

In einem Einheitswürfel sind demnach z. B. für $\lambda = 1$ cm (das sind ca. 10^{-2} Torr) die Wandstöße rund dreimal so häufig wie die Zweierstöße, hingegen überwiegen bei Atmosphärendruck ($\lambda = 6{,}7 \cdot 10^{-6}$ cm in Luft) die letzteren um den Faktor 10^5.

b) Dreierstöße

Bei einer trimolekularen Gasreaktion reagieren die Ausgangspartner im Dreierstoß. Hierzu müssen sich demnach 3 Teilchen innerhalb eines „kritischen" Abstandes d so nahekommen, daß zwischen ihnen Energie- und Impulsaustausch erfolgen kann. Durch den Abstand d, der größer als die Summe der Radien der einzelnen Teilchen sein kann, ist ein „kritisches Volumen" für den Dreierstoß definiert zu

$$V = \frac{4\pi}{3} d^3. \tag{8}$$

Echte trimolekulare Reaktionen gibt es jedoch nur selten. Zumeist hat der dritte Stoßpartner X auf Grund des Energiesatzes nur die Aufgabe, eine freiwerdende Bildungsenergie als kinetische mit aufzunehmen, entsprechend einer Dreierstoßreaktion vom Typ

$$\underset{n_1}{A} + \underset{n_2}{B} + \underset{n_3}{X} \longrightarrow \underset{n_4}{AB} + X + E_{kin}. \tag{I}$$

Das Teilchen X kann ein beliebiges Molekül sein, von dem nur zu fordern ist, daß es keinerlei Reaktionen mit A und B eingeht.

Die exakte theoretische Ableitung der Dreierstoßzahl z_{123} ist etwas komplizierter als die von z_{12}. Wir behandeln deshalb zunächst ein stark vereinfachtes Näherungsverfahren, mit dem schon BODENSTEIN die Größenordnung von z_{123} abgeschätzt hat.

Allgemein gilt

$$z_{123} = z_{12} \cdot w, \tag{9}$$

wobei w die Wahrscheinlichkeit dafür bedeutet, daß ein Zweierstoß zugleich auch ein Dreierstoß ist. Im Modell der starrelastischen Kugeln läßt sich w auffassen als das Verhältnis der Flugzeiten über die Strecken $2a$ und λ

$$w = \frac{2a}{v} \cdot \frac{v}{\lambda} = \frac{2a}{\lambda} = 2\sqrt{2}\,\pi a^3 n_3. \tag{10}$$

Hierzu ein Zahlenbeispiel: In Luft ist $\lambda = 6{,}7 \cdot 10^{-6}$ cm bei 25° C und 760 Torr. $2a = 3{,}7 \cdot 10^{-8}$ cm. Mithin $w = 0{,}0055 \approx 6\permil$.

Bei dieser Art der Abschätzung ist nicht berücksichtigt, daß erstens mit zwei verschiedenen Werten von λ zu rechnen ist, wenn A und B verschiedene Stoßquerschnitte gegen X besitzen, und daß ferner innerhalb des Dreierstoßvolumens die Geschwindigkeit der Teilchen nicht mehr den konstanten Betrag v hat, weil sich infolge der auftretenden Kraftwirkungen die Teilchen beschleunigt bewegen.

Für die Dreierstoß-Rekombination von positiven und negativen Ionen

$$A^+ + B^- + X = A + B + X \tag{II}$$

hat J. J. THOMSON eine Theorie entwickelt, in der die Verschiedenheit der Stoßquerschnitte enthalten ist. Wir skizzieren kurz den Ansatz und das Ergebnis. Die Moleküle A und B seien gegenseitig als punktförmig angenommen, d. h. ihr gemeinsamer Stoßquerschnitt sei durch πd^2 bereits erfaßt. Im allgemeinen Falle haben die beiden Reaktionspartner A und B verschiedene mittlere freie Weglängen (λ_{13} bzw. λ_{23}) gegen die Stoßpartner X. Dann ist aber auch innerhalb des Volumens $\frac{4\pi d^3}{3}$ die Wahrscheinlichkeit w_{13} für Zweierstöße der Teilchen 1 gegen 3 verschieden von w_{23} für Zweierstöße der Molekülsorte 2 gegen 3. Die gesamte Dreierstoßwahrscheinlichkeit w beträgt somit

$$w = w_{13} + w_{23} - w_{13} \cdot w_{23}, \tag{11}$$

da w_{13} und w_{23} für unabhängige Ereignisse gelten. Das Produkt $w_{13} \cdot w_{23}$ ist von der Summe abzuziehen, weil diese das gleichzeitige Auftreten von Dreierstößen bereits zweimal enthält. w bedeutet dann die Wahrscheinlichkeit dafür, daß bei einem Zweierstoß 1 gegen 2 innerhalb des Abstandes d noch ein drittes Teilchen X hinzukommt.

Die Einzelwahrscheinlichkeiten w_{i3} hat J. J. THOMSON erstmalig auf Grund eines elementaren Ansatzes mit nachfolgender Integration berechnet zu

$$w_{i3} = 1 - \frac{\lambda_{i3}^2}{2d^2}\left[1 - e^{-\frac{2d}{\lambda_{i3}}}\left(\frac{2d}{\lambda_{i3}} + 1\right)\right]. \tag{12}$$

$$(i = 1 \text{ oder } i = 2)$$

In diesem Ausdruck kommt dieselbe e-Potenz vor, die wir schon in (III_6 5) hergeleitet und interpretiert haben als die Wahrscheinlichkeit, die Strecke $2d$ stoßfrei zu durchfliegen.

Die Dreierstoßzahl z_{123} können wir nunmehr angeben zu

$$\boxed{z_{123} = \pi d^2 \cdot \overline{v_{12}} \cdot (w_{13} + w_{23} - w_{13} \cdot w_{23}) \cdot n_1 n_2}\,. \tag{13}$$

In vielen Fällen, wo λ_{13} nicht zu stark verschieden ist von λ_{23}, kann man einen Mittelwert $\lambda = \frac{\lambda_{13} + \lambda_{23}}{2}$ verwenden, der in (12) eingeführt, einen Mittelwert $\bar{w}$ ergibt. Damit wird aus (11)

$$w = 2 \cdot \bar{w} - \bar{w}^2. \tag{11a}$$

Eine weitere Vereinfachung läßt sich noch für nicht zu hohe Drucke durchführen, solange $\frac{2d}{\lambda} \ll 1$. Mit dieser Bedingung führt eine Reihenentwicklung von (12) unter Vernachlässigung höherer Glieder auf

$$\bar{w} = 1 - \frac{\lambda^2}{2d^2}\left(\frac{2d^2}{\lambda^2} - \frac{8d^3}{3\lambda^3}\right) = \frac{4}{3}\,\frac{d}{\lambda}\,. \tag{14}$$

An Stelle des Mittelwertes $\lambda = \frac{\lambda_{13} + \lambda_{32}}{2}$ kann man gemäß (III_6 9, S. 54) setzen

$$\lambda = \frac{1}{2\sqrt{2}\, n_3}\left(\frac{1}{\sigma_{13}} + \frac{1}{\sigma_{23}}\right)$$

und erhält mit $\sigma_r = \frac{\sigma_{13} \cdot \sigma_{23}}{\sigma_{13} + \sigma_{23}}$

$$\bar{w} = \frac{8\sqrt{2}}{3}\, d \cdot \sigma_r \cdot n_3\,. \tag{14a}$$

Diesen Ausdruck für $\bar{w}$ setzen wir ein in (13), vernachlässigen noch $\bar{w}^2 \ll 2\bar{w}$, und gewinnen für $\frac{2d}{\lambda} \ll 1$ die Dreierstoßzahl zu

$$\boxed{z_{123} = \frac{8\pi d^3}{3} \cdot 2\sqrt{2}\, \sigma_r \cdot \bar{v}_{12} \cdot n_1 \cdot n_2 \cdot n_3 \,\text{cm}^{-3}\,\text{sec}^{-1}} \tag{15}$$

und den Geschwindigkeitskoeffizienten k_3 bei 100%iger Stoßausbeute

$$k_3 = \frac{8\pi d^3}{3} \cdot 2\sqrt{2} \cdot \sigma_r \bar{v}_{12}\,. \tag{15a}$$

Diese Theorie von THOMSON hat sich bei der Dreierstoß-Rekombination von positiven und negativen Ionen, für die sie eigens entwickelt worden ist, recht gut bewährt. Es ist in diesem Falle auch zulässig, mit konstanter Teilchengeschwindigkeit innerhalb der Stoßkugel zu rechnen, weil die Teilchenmassen sich praktisch nicht ändern beim Elektronentausch. Anders liegen die Verhältnisse dagegen bei Reaktionen zwischen elektrisch neutralen Partnern. Die letzteren können sich nur in einer Potentialmulde vereinigen, in der sie sich beschleunigt bewegen. Dabei ist dann die Annahme konstanter Geschwindigkeiten innerhalb der Stoßsphäre nicht mehr gerechtfertigt. Eine Möglichkeit zur theoretischen Behandlung solcher Dreierstöße wollen wir noch aufzeigen am Beispiel der Reaktion

$$\underset{n_1}{A} + \underset{n_1}{A} + \underset{n_3}{X} \longrightarrow \underset{n_4}{A_2} + X\,. \tag{III}$$

Zur Berechnung der Dreierstoßzahl z_{113} geht man in diesem Fall nach EUCKEN von einem stationären Zustand aus, der gegeben ist durch das Gleichgewicht zwischen der Bildung von Quasimolekülen A_2' von der stationären Dichte n_4, die bei jedem Zweierstoß entstehen sollen, und deren Verschwinden aus der Potentialsenke nach einer mittleren Verweilzeit τ.

$$z_{11} = \frac{n_4}{\tau} . \tag{16}$$

Die Dreierstoßzahl zwischen AAX ist dann gleich der Zweierstoßzahl zwischen A_2' und X

$$z_{113} = z_{34} = \sigma_{34} \cdot \overline{v_{34}} \cdot n_3 \cdot n_4 .$$

Einsetzen von $n_4 = \tau \cdot z_{11}$ und Verwendung von (4) (es handelt sich um gleiche Teilchen 1 und 2!) ergibt

$$z_{113} = \frac{1}{\sqrt{2}} \sigma_{11} \cdot \sigma_{34} \cdot \bar{v}_1 \cdot \overline{v_{34}} \cdot \tau \cdot n_1^2 \cdot n_3$$

und nach Einsetzen von

$$\overline{v_1} = \sqrt{\frac{8\mathrm{k}T}{\pi m_1}} \qquad \text{sowie} \qquad \overline{v_{34}} = \sqrt{\frac{8\mathrm{k}T}{\pi m_{34}}} ,$$

wobei

$$m_{34} = \frac{2m_1 \cdot m_3}{2m_1 + m_3} ,$$

$$\boxed{z_{113} = \frac{4\sqrt{2}}{\pi} \frac{\mathrm{k}T}{\sqrt{m_1 m_{34}}} \sigma_{11} \sigma_{34} \tau n_1^2 n_3 \ \mathrm{cm}^{-3} \ \mathrm{sec}^{-1}} . \tag{17}$$

Die Geschwindigkeitskonstante k_3 der Dreierstoßreaktion folgt aus (17) zu

$$k_3 = \frac{4\sqrt{2}}{\pi} \frac{\mathrm{k}T}{\sqrt{m_1 m_{34}}} \sigma_{11} \sigma_{34} \tau . \tag{17a}$$

Für die zwei letzten Faktoren in dem Ausdruck (17a) lassen sich keine exakten Zahlenwerte angeben, so daß eine absolute Berechnung von k_3 nicht möglich ist. Zudem ist grundsätzlich der Ausdruck (17a) noch mit einem Stoßausbeutefaktor $\alpha \leqq 1$ zu versehen, über dessen Größe ebenfalls keine konkreten theoretischen Angaben zu machen sind. Aus den abgeleiteten Ausdrücken (3) für z_{12} und (15) bzw. (17) für z_{123} geht aber modellmäßig klar die Abhängigkeit der Reaktionsgeschwindigkeit von den Partialdichten der Stoßpartner hervor, was für die experimentelle Aufklärung von Reaktionsmechanismen sehr wesentlich ist (s. Abschnitt II_2). Ferner lassen sich diese Ausdrücke dazu verwenden, eine obere Grenze für Reaktionsgeschwindigkeiten abzuschätzen.

8. Transportphänomene

Bisher haben wir nur Gase im statischen Gleichgewichtszustand und daher durchweg v als ortsunabhängig behandelt. Falls nun ein Gas sich nur in einem *stationären* Gleichgewicht befindet, so kann ein örtlich veränderliches Zustands-Feld H bestehen, dessen Gradient den Transport irgendwelcher Zustandsgrößen der Moleküle, z. B. Energie, Impuls oder auch von Gasteilchen (Strömung) bewirkt. Die exakte Behandlung der Transportphänomene liegt außerhalb des Rahmens der elementaren kinetischen Theorie und ist mathematisch äußerst kompliziert. Es kann daher hier nur eine stark vereinfachte Darstellung erfolgen.

Wir bezeichnen mit H irgendeine Bestimmungsgröße der Gasmoleküle und betrachten den Fall, daß nur in einer Raumrichtung z ein endlicher Gradient $\frac{\partial H}{\partial z}$ existiert. Sämtliche Stöße denken wir uns weiterhin verlegt in Ebenen $z = \text{const}$, deren Abstand genau $= \lambda$ sein soll (**Abb. III, 2**). Zur weiteren Vereinfachung, die wir sofort rechtfertigen werden, sei angenommen, daß sich die Teilchen nur parallel zu den Koordinaten x, y, z bewegen. Auf die Einheit einer Fläche $z_0 = \text{const}$ fallen dann aus den beiden Richtungen $\pm z$ jeweils $\frac{nv}{6}$ Teilchen pro sec ein, die den Betrag von H aus den Nachbarschichten mitbringen. Auf die Ebene z_0 wird pro sec und cm² die Differenz dieser Beträge übertragen

$$\begin{aligned} &\frac{nv}{6}\left[H_0 + \lambda\frac{\partial H}{\partial z}\right] \\ -&\frac{nv}{6}\left[H_0 - \lambda\frac{\partial H}{\partial z}\right] \\ -&\frac{1}{3}\,n\bar{v}\lambda\frac{\partial H}{\partial z} = \frac{\partial H}{\partial t}\,. \end{aligned} \tag{1}$$

Dieser Ausdruck heißt die Transportgleichung. Sie dient zur Berechnung aller Transportvorgänge in Gasen, wie Wärmeleitung, Temperaturleitung, Diffusion, Zähigkeit usw.

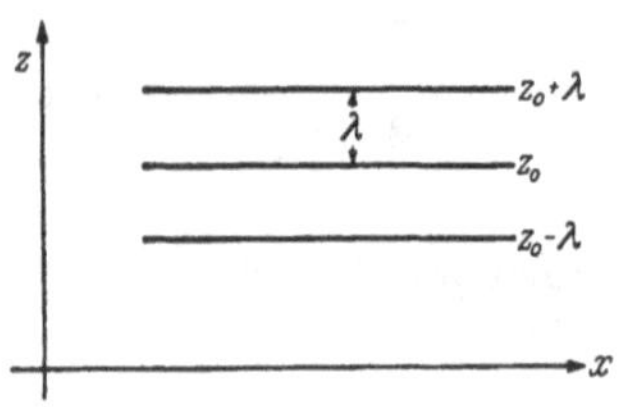

Abb. III, 2. Koordinatensystem zur Ableitung der Transportgleichung (1).

Wir haben in (1) bereits $\bar{v}$ eingesetzt und den Zahlenfaktor $^1/_3$ beibehalten. Dies ist gerechtfertigt, da bei genauerer Behandlung von $\frac{n\bar{v}}{4}$ auszugehen, dafür aber auch über die Geschwindigkeitskomponenten v_z zu mitteln ist. Dabei kommt wiederum der Faktor $^1/_3$ heraus.

Mit Hilfe der Transportgleichung gelangen wir in erster Näherung zu einer wichtigen Beziehung zwischen dem Koeffizienten der Viskosität η (inneren Reibung) von Gasen und der mittleren freien Weglänge λ. Hierzu ist eine Gasströmung von örtlich veränderlicher Geschwindigkeit $u(z)$ zu betrachten, mit $\frac{\partial u}{\partial z} = \text{const}$. Auf den cm² einer Schicht z_0 wird also pro sec nach (1) der Impuls

$$B = \frac{1}{3}\,mn\bar{v}\lambda\,\frac{\partial u}{\partial z} \qquad \text{als} \qquad \frac{\text{Tangentialkraft}}{\text{cm}^2} \tag{2}$$

übertragen. Nach NEWTON ist B (innere Reibung) proportional $\frac{\partial u}{\partial z}$ und der Proportionalitätsfaktor (Koeffizient der inneren Viskosität)

$$\eta = \frac{1}{3}\,mn\bar{v}\lambda \qquad \frac{\text{dyn}\cdot\text{sec}}{\text{cm}^2} = \text{Poise} \tag{3}$$

eine Größe, die wegen $n\,\lambda = \text{const}$ nicht vom Gasdruck abhängt und wie $\bar{v} \sim \sqrt{T}$ geht. Dieser Befund bildete seinerzeit einen großen Triumph der kinetischen Theorie, denn auf thermodynamischem Wege läßt sich die Druckunabhängigkeit von η nicht erklären.

Die exakte theoretische Berechnung der inneren Viskosität (CHAPMAN) erfordert einen erheblichen mathematischen Aufwand. Hierbei werden die Kräfte zwischen den Teilchen genauer berücksichtigt als im starrelastischen Kugelmodell. Im Endergebnis kommt aber nur ein anderer Zahlenfaktor heraus als in (3). Nach Einführung der makroskopischen Dichte

$$\varrho = m \cdot n \tag{4}$$

lautet die für praktische Zwecke gebrauchte exaktere Beziehung

$$\boxed{\eta = \frac{5\pi}{32}\varrho\bar{v}\lambda = \frac{0{,}491 \cdot \varrho\bar{v}}{\sqrt{2}\pi a^2 \cdot n} = 0{,}491 \cdot \varrho\sqrt{\frac{8RT}{\pi M}} \cdot \lambda}\,. \tag{5}$$

Ihre besondere Bedeutung besteht darin, daß sie die mikrophysikalischen Größen λ oder den Stoßradius a in höchst einfacher Weise mit der makroskopisch meßbaren Zähigkeit η verknüpft. Auf diesem Wege sind die zuverlässigsten gaskinetischen Werte von λ ermittelt (s. **Tab. III, 3**).

In der reaktionskinetischen Praxis werden zwar keine λ-Werte sondern Drucke gemessen, weshalb die Kenntnis von λ unwesentlich erscheinen könnte. Es sei daher daran erinnert, daß die für die Reaktionskinetik so wichtigen mittleren Stoßzahlen nur über λ bzw. a zu gewinnen sind (s. Abschnitt III_7, S. 55). In der Praxis werden hierzu die Zähigkeitswerte aus Tabellen entnommen und damit nach (5) die λ-Werte berechnet.

Ebenso wie die Zähigkeit ist auch die Wärmeleitfähigkeit der Gase in weitem Bereich druckunabhängig auf Grund des kinetischen Modells. Dieser experimentell wie theoretisch gesicherte Befund stellt eine wesentliche Grundlage dar für die quantitative Analyse von Gasgemischen nach der Wärmeleitmethode.

Mit Hilfe der Transportgleichung (1) läßt sich der Koeffizient $\varkappa$ der Wärmeleitung auf ebenso elementare Weise berechnen wie die Viskosität. Für die Wärmestromdichte durch z_0 unter dem Einfluß eines Temperaturgradienten $\frac{\partial T}{\partial z}$ ist anzusetzen:

$$\frac{\partial H}{\partial t} = -\frac{1}{3} n\bar{v}\lambda \frac{\partial E}{\partial z} = \varkappa \frac{\partial T}{\partial z}\,. \tag{6}$$

Tab. III, 3. Mittlere freie Weglänge λ, Viskositätskoeffizient η, Moleküldurchmesser $2r$ und SUTHERLANDsche Konstante C*) für eine Reihe von Gasen nach DUSHMAN**)

Gas:		H_2	He	Ne	Luft	CO_2	Kr	Xe
$\eta \cdot 10^7$	0° C	839	1878	2986	1722	1377	2372	2129
Poise	25° C	892	1986	3166	1845	1496	2502	2308
$2r \cdot 10^8$		2,75	2,18	2,60	3,74	4,65	4,15	4,91
cm (0° C)								
$\lambda \cdot 10^3$ cm	0° C	8,39	13,32	9,44	4,54	2,95	3,69	2,64
1 Torr	25° C	9,31	14,72	10,45	5,09	3,34	4,06	2,98
$\lambda \cdot 10^6$ cm	0° C	11,04	17,53	12,42	5,98	3,88	4,85	3,47
760 Torr	25° C	12,26	19,36	13,75	6,69	4,40	5,34	3,93
C		84,4	80	56	112	254	188	252

*) Die Bedeutung von C ist im folgenden Abschnitt ($III_9$4) erläutert.

**) S. DUSHMAN, Scientific Foundations of Vacuum Technique, New York J. Wiley und Sons, London Chapman und Hall, Chapt. 1.

Hieraus folgt mit

$$E = \frac{3}{2} \mathrm{k} T = \frac{C_v}{N_A} T \tag{7}$$

und (3)

$$\varkappa = \frac{1}{3} mn\bar{v}\lambda \frac{C_v}{M} = \eta c_v. \tag{8}$$

(c_v: spez. Wärme pro Gramm).

Diese Ableitung stellt nur eine grobe Näherung dar, da nicht berücksichtigt wird, daß v in diesem Falle auch die Transportgeschwindigkeit darstellt und deswegen Moleküle mit großem $\frac{mv^2}{2}$ rascher transportieren. Nach EUCKEN lautet die strengere Lösung

$$\varkappa = \varepsilon \eta c_v \tag{9}$$

mit

$$\varepsilon = \frac{9 \frac{c_p}{c_v} - 5}{4}. \tag{9a}$$

Der Faktor ε liegt im Wertebereich $1 \leqq \varepsilon \leqq 2{,}5$.

Auch die Diffusion von Gasen ineinander ist im kinetischen Modell sehr einfach zu verstehen. Die Transportgleichung ergibt z. B. für die Teilchenstromdichte bei der Selbstdiffusion unter dem Einfluß eines Dichtegradienten $\frac{\partial n}{\partial z}$

$$D \frac{\partial n}{\partial z} = \frac{1}{3} \bar{v} \lambda \frac{\partial n}{\partial z}. \tag{10a}$$

Der Koeffizient der Selbstdiffusion ist also einfach gegeben zu

$$D = \frac{1}{3} \bar{v} \lambda = \frac{\eta}{\varrho}, \tag{10}$$

wenn $\lambda \ll$ gegen die Gefäßabmessung.

Die Berücksichtigung der MAXWELL-Verteilung sowie der Persistenz der Molekulargeschwindigkeiten (d. h. anisotroper Streuung beim Stoßakt) führt auch hier noch auf einen zusätzlichen Korrekturfaktor β, der zwischen 1,25 und 1,54 liegt.

Genauer ist also zu schreiben

$$D = \beta \frac{\eta}{\varrho}. \tag{11}$$

Die kinetische Behandlung der Transportphänomene ergibt die Verknüpfung vieler für die Meßpraxis wichtigen Stoffgrößen der Gase mit deren Zähigkeit, über die speziell ein sehr umfassendes empirisches Zahlenmaterial vorliegt.

Literaturhinweise

1. L. WALDMANN, Hdb. d. Phys. Bd. XII, S. 295ff.
2. A. EUCKEN, Lehrb. d. chem. Phys. Bd. II/1.
3. SCHÄFER, Kl., Statistische Theorie der Materie, Bd. I, Allgemeine Grundlagen und Anwendungen auf Gase, Verlag Vandenhoek & Rupprecht, Göttingen, 1960.

B. Spezielle theoretische Grundlagen der Reaktionskinetik

9. Reaktionsgeschwindigkeit beim Zweierstoßmodell, kinetische Ableitung der Arrheniusgleichung

Eine *bimolekulare Gasreaktion* nach dem Schema

$$AB + CD \longrightarrow AC + BD \qquad \text{(I)}$$
$$n_1 \quad n_2 \qquad n_3 \quad n_4 \qquad (n_1 \cdots n_4\text{: Dichten in cm}^{-3})$$

verläuft in Zweierstößen, deren Anzahl $z_{12} = \frac{dn_3}{dt} = \frac{dn_4}{dt}$ die pro cm^3 und sec neu gebildeten Moleküle angibt, *wenn* jeder gaskinetische Stoß auch zur Reaktion führt.

Im Abschnitt III_7, S. 55, haben wir die mittlere Zahl der Zweierstöße pro sec und cm^3 berechnet zu

$$(III_7\,3) \qquad z_{12} = \sigma_{12}\bar{v}_{12}n_1n_2 = k_{max}\cdot n_1 \cdot n_2 .$$

k_{max} bedeutet den *Geschwindigkeitskoeffizienten* einer bimolekularen Reaktion für den Fall, daß *jeder* Stoß zur Reaktion führt. Dies trifft aber nur in den relativ seltenen Fällen zu, wo zumindest ein Zweierstoßpartner bereits vor dem Stoß einen bestimmten Mindestbetrag E_0 an innerer Energie, etwa in Form von Schwingungs- oder Elektronen-Anregung oder Ionisierung besitzt.

Die gaskinetisch berechneten Zweierstoßzahlen sind außerordentlich groß (z. B. ist bei 760 Torr z_{12} von der Größenordnung $\simeq 10^{28}$). Wäre also jeder gaskinetische Stoß effektiv für die Reaktion, so würden praktisch momentane Umsetzungen resultieren. Experimentell findet man daher im allgemeinen k-Werte um viele Größenordnungen kleiner als k_{max} und dementsprechend sind den Gasreaktionen auch kleinere phänomenologische Wirkungsquerschnitte als die gaskinetischen zuzuordnen.

Für Reaktionen wie

$$Ar^+ + H_2 \longrightarrow ArH^+ + H$$

sind allerdings in jüngster Zeit auf massenspektrometrischem Wege sehr hohe k-Werte gefunden worden von der Größenordnung $k \simeq 10^{-9}$ cm^3/sec. Mit $\overline{v_{12}} \simeq 10^4$ cm/sec folgt daraus $\sigma \simeq 10^{-13}\,cm^2$, d. h. höher als die Größenordnung des gaskinetischen Stoßquerschnitts. (Siehe hierüber Abschnitt III_{13} und IV_6, S. 79 u. S. 117.)

Wir behandeln nun zunächst den Fall, daß die Reaktionspartner vor dem Stoß nicht irgendwie schon „aktiviert" sind, sondern daß erst während des Stoßes die Aktivierungsenergie E_0 aufgebracht wird. Wenn in dieser Weise die Aktivierung durch die Umwandlung kinetischer Energie erfolgen kann, dann sind von allen Stößen z_{12} nur solche erfolgreich, bei denen die *relative kinetische Energie* der Partner

$$E_{12} = \frac{m_{12}v_{12}^2}{2} \geq E_0 .$$

$\left(m_{12} = \frac{m_1 \cdot m_2}{m_1 + m_2}\right.$ bedeutet wiederum wie in (III_7, S. 55) die reduzierte Masse$\left.\right)$.

Die Anzahl z_{12}^* dieser erfolgreichen Stöße ist nach Abschnitt III_4, S. 47, gegeben zu

$$z_{12}^* = \sigma_{12}\int_{v_0}^{\infty} v_{12}f(v_{12})\,dv_{12}\cdot n_1 \cdot n_2 . \qquad (1)$$

$f(v_{12})$ bedeutet die MAXWELLsche Verteilungsfunktion der Relativgeschwindigkeit v_{12}. Rechnet man (1) um auf die relative kinetische Energie E_{12} der Teilchen, so entsteht

$$z_{12}^* = \sigma_{12} n_1 \cdot n_2 \sqrt{\frac{2\,\mathsf{k}T}{m_{12}}} \cdot \frac{2}{\sqrt{\pi}} \int_{x_0}^{\infty} x \cdot e^{-x} dx \tag{2}$$

mit

$$x = \frac{E_{12}}{\mathsf{k}T} \quad \text{und} \quad x_0 = \frac{E_0}{\mathsf{k}T}\,.$$

Das Integral in (2) hat den Wert $e^{-x_0}(1 + x_0)$. Unter gewöhnlichen Bedingungen ist $x_0 = E_0/\mathsf{k}T \gg 1$, so daß wir unter Vernachlässigung der 1 in der Klammer den Geschwindigkeitskoeffizienten erhalten zu

$$k = \frac{z_{12}^*}{n_1 n_2} = \sigma_{12} \sqrt{\frac{8\,\mathsf{k}T}{\pi m_{12}}} \frac{E_0}{\mathsf{k}T} e^{-\frac{E_0}{\mathsf{k}T}}\,. \tag{3a}$$

Nach Zusammenfassung aller Faktoren, die *sicher* von der Temperatur unabhängig sind, zu einer Konstanten

$$A' = \frac{2\sqrt{2}}{\sqrt{\pi m_{12}\,\mathsf{k}}} \tag{3b}$$

ergibt sich k als Funktion von E_0 und T

$$k = A' \sigma_{12}(T) \frac{E_0}{\sqrt{T}} e^{-\frac{E_0}{\mathsf{k}T}}\,. \tag{3}$$

In dieser Schreibweise ist bereits angedeutet, daß strenggenommen auch der Stoßquerschnitt σ_{12} von T, d. h. physikalisch gesprochen von v_{12} abhängt (ebenso wie die mittlere freie Weglänge λ). In Wirklichkeit sind die stoßenden Moleküle nicht einfach als starrelastische Kugeln zu betrachten, sondern sie unterliegen noch der Wirkung von weiterreichenden Anziehungskräften. Mit wachsender Temperatur (Geschwindigkeit) ist daher eine Abnahme von σ_{12} zu erwarten entsprechend einer Verkürzung der Verweilzeiten im anziehenden Kraftfelde. Nach einer theoretischen Ableitung von SUTHERLAND wird die Temperaturabhängigkeit des Wirkungsquerschnittes sehr genau beschrieben durch die folgende — experimentell weitgehend bestätigte — Beziehung

$$\sigma_{12}(T) = \mathring{\sigma}_{12}\left(1 + \frac{C}{T}\right) \quad \text{bzw.} \quad \lambda = \frac{1}{n\mathring{\sigma}_{12}\left(1 + \frac{C}{T}\right)}\,, \tag{4}$$

in der $\mathring{\sigma}_{12}$ den bei einer bestimmten Temperatur unter Annahme starrelastischer Kugeln gemessenen Wirkungsquerschnitt bedeutet. Die SUTHERLANDsche Konstante C wird auch als „Verdopplungstemperatur" bezeichnet, deren Sinn unmittelbar aus (4) hervorgeht (s. auch Tab. III, 3). Für eine große Anzahl von Stoffen findet man ihre Zahlenwerte in den bekannten Tabellenwerken (z. B. LANDOLT-BÖRNSTEIN), die aus genauen Messungen der Temperaturabhängigkeit von η gewonnen sind, nach einer ebenfalls von SUTHERLAND angegebenen Gleichung

$$\frac{\eta(T)}{\eta_0} = \left(\frac{T}{T_0}\right)^{1/2} \left(\frac{1 + \frac{C}{T_0}}{1 + \frac{C}{T}}\right). \tag{5}$$

Bei der Ableitung von (3) haben wir angenommen, daß die Aktivierungsenergie E_0 in Form kinetischer Energie aufgebracht wird. Zu einer ähnlichen Beziehung, die sich aber von (3) im Exponenten von T unterscheidet, kann man auf folgendem

Wege gelangen: Betrachtet man der Einfachheit halber eine bimolekulare Austauschreaktion nach dem Schema

$$AB + C \longrightarrow AC + B, \tag{II}$$

so kann sein, daß das Molekül AB die Aktivierungsenergie bereits *vor dem Stoß*, etwa in Form innerer Energie (Schwingungen) mitbringt. Der Zweierstoß (Elementarakt der Reaktion II) läßt sich dann folgendermaßen formulieren

$$\underset{n_1^*}{AB^*} + \underset{n_2}{C} \longrightarrow AC + B. \tag{III}$$

Die Dichte n_1^* der angeregten Moleküle $(AB)^*$, die eine innere Energie $> E_0$ besitzen, berechnen wir nun mit Hilfe des Boltzmannschen Energieverteilungssatzes (III_3 23, S. 42)

$$f(E_i) = \frac{e^{-\frac{E_i}{\mathrm{k}T}}}{\int\limits_0^\infty e^{-\frac{E_i}{\mathrm{k}T}}\, dE_i} = \frac{dn_i}{n},$$

indem wir den Boltzmann-Faktor im Zähler von E_0 bis ∞ integrieren und das Zustandsintegral von 0 bis ∞ bilden:

$$n_1^* = n_1 \frac{\int\limits_{E_0}^\infty e^{-\frac{E_i}{\mathrm{k}T}}\, dE_i}{\int\limits_0^\infty e^{-\frac{E_i}{\mathrm{k}T}}\, dE_i} = n_1 \cdot e^{-\frac{E_0}{\mathrm{k}T}}. \tag{6}$$

Unter der Annahme, daß nunmehr *jeder Stoß* zwischen $(AB)^*$ und C zur Reaktion führt, ergibt sich dann die Reaktionsgeschwindigkeit unter Verwendung der Stoßzahl (III_7 3, S. 55) zu

$$-\frac{dn_2}{dt} = -\frac{dn_1^*}{dt} = \sigma_{12} \cdot \overline{v_{12}} \cdot n_1 \cdot n_2 \cdot e^{-\frac{E_0}{\mathrm{k}T}} \tag{7}$$

oder mit $\overline{v_{12}} = \sqrt{\frac{8\mathrm{k}T}{\pi m_{12}}}$

der Geschwindigkeitskoeffizient

$$k = \sigma_{12}(T) \cdot \sqrt{\frac{8\mathrm{k}}{\pi m_{12}}} \cdot \sqrt{T} \cdot e^{-\frac{E_0}{\mathrm{k}T}}\,{}^{1)}. \tag{8}$$

Beim Vergleich der beiden Ausdrücke (3) und (8), die der Arrheniusschen Gleichung schon sehr ähnlich sind, fällt nun auf, daß sie sich hinsichtlich der Temperatur im A-Faktor (dem gesamten Produkt vor der e-Potenz) um eine ganze Potenz unterscheiden. Schreibt man zur Vereinfachung

$$k = A \cdot e^{-\frac{E_0}{RT}}, \tag{9}$$

[1]) Wir schreiben von jetzt an E_0/RT im Exponenten. Entsprechend ist dann die Maßeinheit der Energie zu ändern.

so geht — wenn man von $\sigma_{12}(T)$ absieht — in (3) $A \sim \frac{1}{\sqrt{T}}$, hingegen $A \sim \sqrt{T}$ in (8). Dies mag von nicht allzugroßer praktischer Bedeutung sein, da die Temperaturabhängigkeit von k überwiegend durch $e^{-\frac{E_0}{RT}}$ bestimmt ist, es liegt aber der Verdacht nahe, daß etwas noch nicht exakt ist an den bisher durchgeführten kinetischen Ableitungen von k. Hinzu kommt, daß die A-Faktoren der bimolekularen Reaktionen auf experimentellem Wege innerhalb vieler Zehnerpotenzen kleiner gefunden werden als kinetisch berechnet. Die einfache, früher öfter gebrauchte Deutung von A als „Stoßfaktor" ist demnach sicher nicht zutreffend.

Bevor wir aber zur Klarstellung dieses Problems übergehen, wollen wir kurz den Zusammenhang von (9) mit der Arrhenius-Gleichung erörtern. E_0 bedeutet nach Voraussetzung die wahre Aktivierungsenergie, die von dem Temperaturinkrement q, das aus den Meßdaten gewonnen wird (s. Abschnitt II, 5, S. 23), unterschieden werden muß. q ist nicht genau $= E_0$, weil der A-Faktor, wie eben dargelegt, auch etwas von der Temperatur abhängt. Diese Abhängigkeit wird in der Arrheniusschen Gleichung nicht gesondert berücksichtigt. Sie wird in die exponentielle $1/T$-Abhängigkeit mit einbezogen und bedingt, daß das Temperaturinkrement q etwas größer ist als die wahre Aktivierungsenergie E_0, doch ist diese Abweichung meist zu vernachlässigen. Dies soll eine Überschlagsrechnung dartun.

Eine Reaktion, deren wahre Aktivierungsenergie $E_0 = 20$ kcal beträgt, wird im Temperaturintervall von 500—550°K gemessen. Dabei ändert sich der Stoßfaktor im Verhältnis $\frac{550^{1/2}}{500^{1/2}} = 1{,}05$. Um dieser Erhöhung in Form eines Exponentialfaktors $e^{-E/RT}$ Rechnung zu tragen, würde gelten:

$$\log 1{,}05 = \frac{\varepsilon}{4{,}57}\left(\frac{1}{500} - \frac{1}{550}\right),$$

woraus sich ergibt $\varepsilon = 0{,}5$ kcal. q wäre in diesem Falle also um $^1/_2$ kcal größer als E_0.

Ganz allgemein gilt, wenn T in den A-Faktor mit der m-ten Potenz eingeht:

$$A' \cdot T^m \cdot e^{-\frac{E_0}{RT}} = A \cdot e^{-\frac{q}{RT}} \tag{10}$$

oder

$$m \ln T - \frac{E_0}{RT} = -\frac{q}{RT} + \text{const.} \tag{10a}$$

Die Differentiation dieser Gleichung ergibt

$$\frac{m}{T} + \frac{E_0}{RT^2} = + \frac{q}{RT^2}$$

bzw.

$$E_0 = q - mRT. \tag{11}$$

Wir gehen jetzt daran, die oben erwähnte Problematik des A-Faktors zu klären. Hierzu betrachten wir zunächst eine Reaktion vom Typ

$$\begin{aligned} A_2 + B_2 &\underset{k'}{\overset{k}{\rightleftharpoons}} 2AB \\ H_2 + J_2 &\rightleftharpoons 2\,HJ \end{aligned} \tag{IV}$$

im Gleichgewicht, wo also Hin- und Rückreaktion dieselbe Geschwindigkeit haben. Ferner können wir bei diesem Beispiel auch die Stoßzahlen in beiden Richtungen als annähernd gleich betrachten. Dann berechnet sich die Gleichgewichtskonstante zu

$$\ln K = \ln k - \ln k' = -\frac{\Delta H}{RT} \tag{12}$$

(s. Energieschema in Abb. I, 1, S. 5).

In diesem Ausdruck fehlt völlig das in (I_2 5, S. 2) enthaltene Entropieglied $\frac{\Delta S}{R}$ im Widerspruch zu den Forderungen der Thermodynamik. Mit dieser Feststellung haben wir einen Schlüssel zur weiteren Erkenntnis in der Hand. Wir sehen nämlich die Notwendigkeit, auch in die kinetische Behandlung Entropieglieder oder etwas diesen entsprechendes einzuführen. Bei dem Versuch, den A-Faktor der ARRHENIUSschen Gleichung einfach als Stoßfaktor zu deuten, fand man schon frühzeitig, daß die gemessenen A-Faktoren meist um 1 bis 2 Zehnerpotenzen kleiner sind als die berechneten. Dies ergab die Notwendigkeit, noch einen „Stoß-Ausbeutefaktor" — vielfach mit α oder $\varkappa$ bezeichnet — einzuführen, der in den Ausdrücken (3) bzw. (8) noch hinzuzufügen wäre. Man nannte ihn zunächst den „sterischen Faktor". Dieser Bezeichnung lag die Vorstellung zugrunde, daß nur ein Stoß mit sterisch günstiger Lage der Atome zueinander zur Reaktion führen kann. Man sprach auch vom Zusammentreffen „empfindlicher" Bezirke. Man kann sich z. B. für die Reaktion

$$2\,HJ = H_2 + J_2$$

leicht die folgenden „günstigen", bzw. „ungünstigen" Lagen vorstellen:

$$\text{günstig:}\quad \begin{matrix}\text{H—J}\\ \text{H—J}\end{matrix} = \boxed{\begin{matrix}H\\ H\end{matrix}}\ \boxed{\begin{matrix}J\\ J\end{matrix}} \qquad \text{ungünstig:}\quad \begin{matrix}\text{H—J}\\ \text{J—H}\end{matrix} = \boxed{\begin{matrix}H\\ J\end{matrix}}\ \boxed{\begin{matrix}J\\ H\end{matrix}}.$$

Die Bedeutung des Faktors α erschöpft sich jedoch nicht in der Betrachtung geometrischer Möglichkeiten. Nach dem oben Gesagten müssen auch die mit der Reaktion verbundenen Entropieänderungen in einem neben der Stoßzahl auftretenden, von 1 verschiedenen Faktor in der Gleichung für die Geschwindigkeitskonstante berücksichtigt werden. ARRHENIUS hat dies in der ursprünglichen Ableitung seiner Formel bereits getan. Wir wollen seinen Überlegungen folgen und betrachten hierzu wiederum die vorher behandelten Reaktionen

$$AB + C \longrightarrow AC + B \tag{II}$$

bzw.

$$AB^* + C \longrightarrow AC + B, \tag{III}$$

die uns rein kinetisch auf den Ausdruck (8) für den Geschwindigkeitskoeffizienten geführt haben. Nach ARRHENIUS nehmen wir nun an, daß ein *Gleichgewicht* besteht zwischen den Konzentrationen n_1^* und n_1, so daß wir an Stelle von (6) schreiben können

$$n_1^* = n_1 \cdot K^*. \tag{13}$$

Man behandelt also diesen Fall wie ein *vorgelagertes Gleichgewicht*. Daraus ist zu ersehen, weshalb die Ableitung (6) nicht ganz korrekt ist, bzw. die bei (7) gemachte Annahme, daß jeder Stoß zur Reaktion führt. Die Rechnung führt nämlich auf kein Entropieglied, das im Ausdruck für die Gleichgewichtskonstante K^* auftreten muß. Durch die Betrachtung dieses vorgelagerten Gleichgewichts (13) können wir aber gerade zu einem solchen Entropieglied gelangen.

Zunächst setzen wir die Geschwindigkeit der Reaktion (II) proportional n_1^*

$$-\frac{dn_1}{dt} = \nu \cdot n_1^* = \nu \cdot K^* \cdot n_1 = k \cdot n_1 \,, \tag{14}$$

wobei $k = \nu K^*$ ein Geschwindigkeitkoeffizient 1. Ordnung ist. Den Proportionalitätsfaktor ν, der die Dimension einer Frequenz hat, erhalten wir aus der Betrachtung der monomolekularen Zerfallsreaktion

$$\underset{n_1}{AB} \longrightarrow A + B \tag{V}$$

(deren Gegenreaktion sichtlich einen Dreierstoß erfordert). Hierzu stellt man sich vor, daß das Molekül AB in Richtung der Verbindungslinie A—B Schwingungen der Frequenz ν ausführt. Es kann also zunächst ν mal in der Sekunde zerfallen. Aber nur ein Bruchteil $e^{-\frac{E'}{RT}}$ aller Moleküle AB hat die zur Trennung erforderliche Energie, da auch für die Schwingungsenergie dieselbe Form der BOLTZMANN-Verteilung gilt wie für die Translation.

Entsprechend diesem Bilde können wir an Stelle von (14) schreiben

$$-\frac{dn_1}{dt} = \nu \cdot e^{-\frac{E'}{RT}} n_1 \qquad \text{oder} \qquad k = \nu \cdot e^{-\frac{E'}{RT}} \,. \tag{15}$$

Ein einfaches Energieschema zeigt **Abbildung I, 1**, S. 5, in dem die Höhe der Energieschwelle eingezeichnet ist, über die die Reaktion verläuft. Die Reaktion sei exotherm in Richtung der AB-Bildung, ΔH die zugehörige Wärmetönung. Wiederum fehlt aber noch in (15) das Entropieglied.

Jetzt machen wir den entscheidenden Schritt und setzen gemäß den Forderungen der Thermodynamik

$$\ln K^* = + \frac{\Delta S^*}{R} - \frac{\Delta H^*}{RT} \,, \tag{16}$$

wobei sich die mit * bezeichneten Größen auf den angeregten Zustand beziehen. ΔH^* bedeutet nun die wahre Aktivierungsenergie und ist wiederum zu unterscheiden vom Temperaturinkrement q, weil ν noch von T abhängt. Wir führen — erstmalig in unseren Betrachtungen — eine Quantenbedingung ein, indem wir die mittlere Energie $\mathsf{k}\,T$ der beiden Schwingungsfreiheitsgrade (potentielle und kinetische Energie) mit der PLANCKschen Beziehung $E = h\nu$ gleichsetzen, also

$$\nu = \frac{\mathsf{k}\,T}{h} \,. \tag{17}$$

Damit erhalten wir dann endlich für den Geschwindigkeitskoeffizienten

$$k = \frac{\mathsf{k}\,T}{h} \cdot e^{\frac{\Delta S^*}{R}} \cdot e^{-\frac{\Delta H^*}{RT}} \,. \tag{18}$$

Diese Beziehung enthält keinen Widerspruch mehr zur Thermodynamik, denn

1. sind Unterschiede im A-Faktor erklärbar durch verschiedene S-Werte und
2. kommt jetzt auch die Ableitung (12) der Gleichgewichtskonstanten K aus dem Quotienten k/k' in Ordnung, da nunmehr

$$K = \frac{k}{k'} = e^{\frac{\Delta S^* - \Delta S'^*}{R}} \cdot e^{-\frac{\Delta H^* - \Delta H'^*}{RT}} \,. \tag{19}$$

Logarithmieren und Einsetzen der Werte

$$\Delta S^* - \Delta S'^* = \Delta S \qquad \text{sowie} \qquad \Delta H^* - \Delta H'^* = \Delta H$$

zeigt die Übereinstimmung von (19) mit (I_2 5).

Trotz des befriedigenden Ergebnisses, das wir hier im direkten Anschluß an ARRHENIUS erreicht haben, müssen wir nun leider zugestehen, daß wir eine Grundannahme gemacht haben, durch die die Gültigkeit der erworbenen Erkenntnisse sehr eingeschränkt scheint: Wir haben angenommen, daß sich das thermodynamische Gleichgewicht zwischen n und n^* einstellt. Die Einstellung eines solchen Gleichgewichtes ist nur gewährleistet, wenn eine beliebig lange Zeit dafür zur Verfügung steht. Dies ist aber in einem in dauerndem Umsatz befindlichen System sicher nicht der Fall. Wir haben dann nur ein „Pseudo-" oder „Quasi"-Gleichgewicht vor uns und müssen also entsprechende Gesetze auch für ein im fortgesetzten Fluß befindliches System aufstellen. Hier kommt uns nun zugute, daß die statistische Betrachtungsweise, die zur Ableitung der Gesetze der klassischen Gleichgewichtslehre führt, sich auch auf ein in dauernder Änderung befindliches System anwenden läßt. Die Behandlung als Quasigleichgewicht wurde hauptsächlich in Amerika von EYRING und seinen Schülern durchgeführt. Sie soll uns im nächsten Kapitel beschäftigen.

Für diejenigen Leser, die das folgende, mehr theoretische Kapitel lieber überschlagen wollen, kann schon vorgreifend bemerkt werden, daß die exaktere statistische Behandlung formal auf die gleiche Form führt, wie wir sie weniger exakt aus der Annahme eines stabilen Gleichgewichtes abgeleitet haben. Jedoch kommt auch nach der quantenmechanischen Berechnung noch ein dem vorhin erwähnten Stoßausbeutefaktor α analoger „Transmissions-Koeffizient" $\varkappa$ in (18) hinzu, der eigens berechnet werden kann in speziellen einfachen Fällen, wie z. B. für die Reaktionen

$$H_2 + H \longrightarrow H + H_2 \qquad \text{oder}$$

$$H_2^+ + H_2 \longrightarrow H_3^+ + H.$$

Bei den Ableitungen dieses Abschnittes wurde nicht gesondert eingegangen auf die Reaktionshemmung, die immer dann besteht, wenn eine Bildungsreaktion, entsprechend

$$A + B + X \rightleftharpoons AB + X + E_{\text{kin}}$$

nur über Dreierstöße erfolgen kann, die in Abschnitt III_{7b}, S. 56f., eingehender behandelt sind. Zur Berechnung einer Gleichgewichtskonstanten müssen in diesem Falle sowohl die Dreierstöße der Hin- (Bildungs)-Reaktion wie auch die Zweierstöße $AB + X$ mit einbezogen werden. Durch die letzteren muß ja im Gleichgewicht den Molekülen AB Trennungsenergie zugeführt werden, wenn die Bildung exotherm verläuft.

10. Die wellenmechanische Betrachtungsweise

Dem Vorgehen von EYRING und seiner Schule folgend bedienen wir uns zur Demonstration des Reaktionsgeschehens des in **Abbildung III, 3** gezeichneten Bildes. Während Abbildung I, 1, S. 5 die Verhältnisse bei der Reaktion als reines „Termschema" darstellt, bei dem wir es nur mit einem eindimensionalen Koordinatensystem zu tun haben, nämlich der in der Senkrechten aufgetragenen potentiellen Energie, ist in Abbildung III, 3 eine zweite Koordinate eingeführt, die ganz allgemein als „Reaktionskoordinate" bezeichnet wird. Man kann hierunter einen beliebigen, zur Darstellung des Fortschrittes der Reaktion geeigneten Parameter verstehen.

Am besten interpretiert man die Abbildung III, 3 als Schnitt durch ein „Potentialgebirge", der längs eines Paßüberganges von einem Energietal in ein zweites geführt ist. Man kann dann den Reaktionsverlauf durch das Bild einer Kugel wiedergeben, die über den Paß von einem Tal in das andere Tal rollt, wobei die Abszisse von Abbildung III, 3 als „Reaktionsweg" zu bezeichnen ist. Durch die Lage der Kugel ist die Gesamtenergie des reagierenden Systems an jeder Stelle des Reaktions-

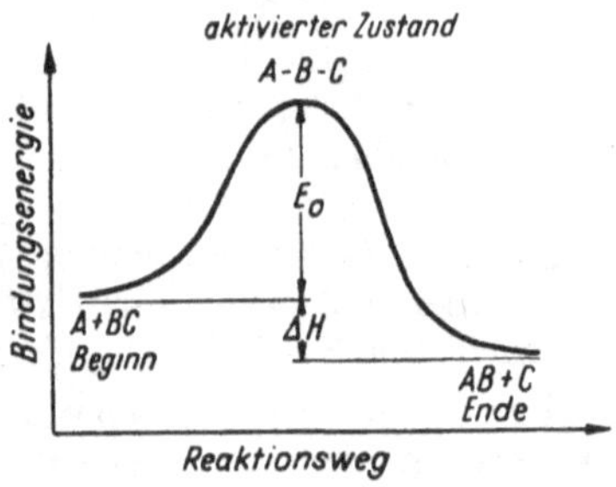

Abb. III, 3. Energieänderung entlang des Reaktionsweges für den Verlauf der Reaktion

$A + BC \rightarrow AB + C.$

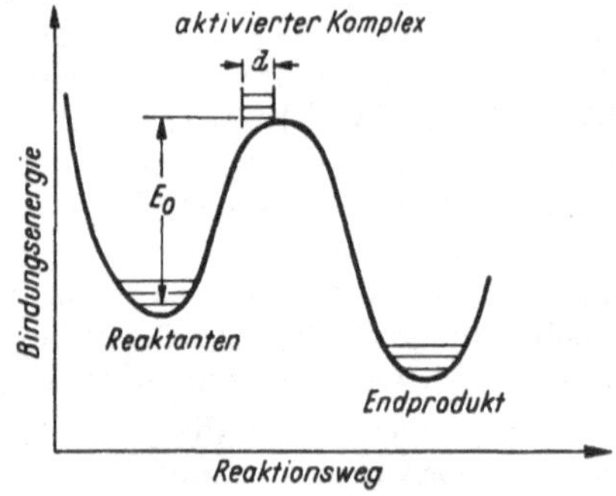

Abb. III, 4. Energieschema für eine beliebige Reaktion unter Berücksichtigung verschiedener Schwingungszustände der Ausgangs- und Endprodukte und des aktivierten Zustandes

weges gegeben. Da sowohl der Anfangszustand wie auch der angeregte Zwischenzustand verschieden hohe Schwingungszustände haben können, sind in der noch etwas differenzierteren **Abbildung III, 4** für alle drei Zustände mehrere Niveaus eingezeichnet. Die Größe E_0 bezieht sich auf den Übergang vom untersten Niveau des Anfangszustandes auf das unterste Niveau des Zwischenzustandes und ist demnach die Aktivierungsenergie der Reaktion am absoluten Nullpunkt.

Im „aktivierten Zustand", d. h. auf der Höhe des Passes, befindet sich unsere Kugel während des Durchlaufens der Strecke d, die in Abb. III, 4 stark vergrößert nach links herausgezeichnet wurde. Die Kugel möge die Paßhöhe mit einer Geschwindigkeit $\bar{v}$ überrollen. Wenn die Zahl aktivierter Komplexe in der Volumeneinheit n^* ist, dann schreitet die Reaktion mit der Geschwindigkeit $n^* \cdot \frac{\bar{v}}{d}$ fort, wobei angenommen ist, daß jeder aktivierte Komplex auch weiter reagiert, d. h., daß die Kugel, wenn sie die Höhe erreicht hat, auch über den Berg rollt und nicht etwa wieder zurückläuft. Die Wahrscheinlichkeit des Zurückrollens kann noch durch einen Faktor $\varkappa$ in Rechnung gesetzt werden, so daß die Reaktionsgeschwindigkeit gegeben ist durch den Ausdruck

$$RG = n^* (\bar{v}/d)\, \varkappa \qquad (1)$$

Die Konzentration n^* läßt sich nun statistisch berechnen. Sie steht mit der Konzentration n des Ausgangsstoffes in der folgenden Beziehung:

$$n^*/n = K^{\ddagger} \left[\frac{(2\pi m^{\ddagger} \mathrm{k}\, T)^{1/2}}{h} \cdot d\right]^{1)} \qquad (2)$$

[1]) Das Zeichen $\ddagger$ = „dagger" (Dolch) bezieht sich immer auf den aktivierten Zustand.

wobei $K^{\ddagger}$ als Gleichgewichtskonstante für das Gleichgewicht zwischen dem aktivierten Komplex und den reagierenden Molekülen interpretiert werden kann. Beim Überschreiten des Sattels wird eine Schwingung in Translationsbewegung übergeführt. Dies bedingt eine Änderung der Zahl der Freiheitsgrade, so daß sich $K^{\ddagger}$ und K^* (vgl. S. 67) um den Klammerausdruck in (2) unterscheiden. Die Geschwindigkeit entlang der Reaktionskoordinate ist

$$\bar{v} = \sqrt{\mathrm{k}T/2\pi m^{\ddagger}} \tag{3}$$

Aus (1), (2) und (3) erhält man für die Reaktionsgeschwindigkeit:

$$RG = K^{\ddagger}\,\varkappa\,\frac{\mathrm{k}T}{h}\,n \tag{4}$$

Das Produkt der Faktoren, die auf der rechten Seite vor der Konzentration n stehen, stellt eine Geschwindigkeitskonstante dar. Die Ableitung gestaltet sich in gleicher Weise, wenn statt eines Moleküls zwei Moleküle (A und B) an der Bildung des aktiven Komplexes beteiligt sind. Es steht dann statt n das Produkt $n_A \cdot n_B$.

$K^{\ddagger}$ kann wie eine Gleichgewichtskonstante behandelt und in der Form

$$K^{\ddagger} = e^{-\Delta G^{\ddagger}/RT} = e^{-\Delta H^{\ddagger}/RT} \cdot e^{\Delta S^{\ddagger}/R} \tag{5}$$

geschrieben werden. Man erhält somit für k:

$$k = \varkappa\,\frac{\mathrm{k}T}{h}\,e^{-\Delta H^{\ddagger}/RT}\,e^{\Delta S^{\ddagger}/R} \tag{6}$$

Es sei noch bemerkt, daß analoge Formeln zu (5) und (6) auch für den zeitlichen Verlauf anderer Prozesse, wie z. B. der Diffusion, des Wärmeausgleiches usw. gelten.

11. Möglichkeiten der Aktivierung

a) Aktivierung durch Quantensprung

Der Vorstellung am zugänglichsten ist die Aufnahme von Energie durch einen Elektronensprung, der zu einem angeregten Molekül, einem Ion oder auch zur Dissoziation eines Moleküls führt. Durch einen solchen Vorgang wird z. B. die Aufspaltung eines Chlormoleküls durch Absorption eines Lichtquantes bei fast allen Photochlorierungsreaktionen bewirkt:

$$Cl_2 + E_\nu = Cl + Cl$$

Hier ist der Mindestwert der Aktivierungsenergie genau bekannt. Das Energiequant muß mindestens die zur Spaltung notwendige Energie besitzen. Die absolute Größe dieser Energie (2,4 eV) ist z. B. aus der Bandenkonvergenzstelle des Chlorspektrums zu entnehmen. Der „aktivierte Zwischenzustand" ist hier chemisch definiert und die benötigte Dissoziationswärme kann kalorisch gemessen werden. Doch können im Prinzip durch Quantensprünge auch sehr kurzlebige, analytisch nicht faßbare aktive Zwischenkörper gebildet werden. Es wird häufig, z. B. bei biologischen Vorgängen, das Auftreten einer Aktivierungswärme durch die Notwendigkeit der Aufnahme eines eingestrahlten Energiequants gedeutet, doch kann man die Aktivierung auch als thermische Anregung — ohne Elektronensprung — erklären. Mit solchen Vorgängen wollen wir uns im folgenden Abschnitt befassen.

b) Aktivierung bei adiabatischem Verlauf

Bei „adiabatischem" Mechanismus betrachtet man nur diejenigen Veränderungen der potentiellen Energie, die lediglich durch die örtliche Verschiebung der Atommittelpunkte gegeneinander bewirkt werden, wobei man annimmt, daß die Elektronenhüllen beliebig schnell mitgehen, d. h., daß sich zu jeder Lage der Kerne die zugehörige stabile Elektronenkonfiguration momentan einstellt. Die Energie läßt sich dann als eine kontinuierliche Funktion der Atomabstände darstellen.

Betrachtet man zwei Atome, die zur Molekülbildung fähig sind, wie z. B. zwei Wasserstoffatome, dann läßt sich aus der in **Abbildung III, 5** dargestellten „Potentialkurve" entnehmen, welche Änderung der Energie das System erleidet, wenn man den Abstand der beiden Atome verändert.

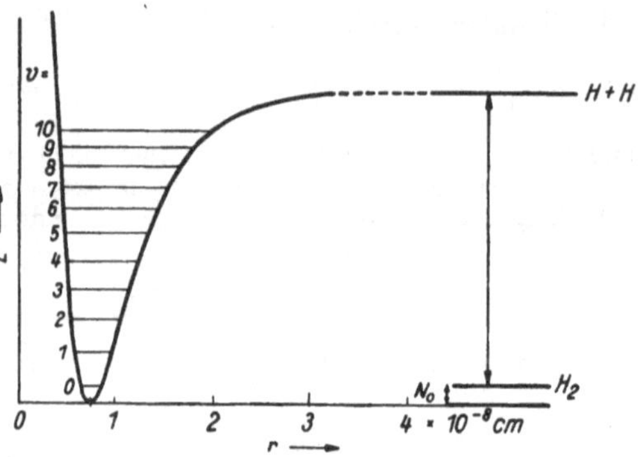

Abb. III, 5. Abhängigkeit der Bindungsenergie vom Abstand der H-Atome im Wasserstoffmolekül (Morse-Funktion)

Die Energie hat ein Minimum beim Abstand r_0, der beim Wasserstoff 0,74 Å beträgt. Das Molekül führt jedoch selbst beim absoluten Nullpunkt Schwingungen aus. Das durch die Linie 0 angedeutete Niveau ist also stets „angeregt". Die ihm entsprechende Energie N_0 ist die „Nullpunktsenergie". Die höheren Niveaus 1, 2 usf. werden erst bei höheren Temperaturen angeregt. Bei einer bestimmten Energie (H + H) geht der Abstand r gegen ∞, d. h. das Molekül dissoziiert in zwei Atome.

Die Potentialkurve läßt sich mit Hilfe von spektroskopischen Daten konstruieren. Die Höhe der einzelnen Niveaus kann aus den ν-Werten der Schwingungsspektren entsprechend der PLANCKschen Beziehung

$$\varepsilon = h \cdot \nu \qquad (1)$$

entnommen werden.

Von MORSE wurde eine Gleichung angegeben, die eine gute Näherung für die Potentialkurve

$$E = f(r) \qquad (2)$$

darstellt. Sie lautet;

$$E = D' \cdot \left(e^{-2a(r-r_0)} - 2e^{-a(r-r_0)}\right) \qquad (3)$$

$D' = D + N_0 =$ Dissoziationsenergie + Nullpunktsenergie.

Die Konstante a wird so gewählt, daß eine möglichst gute Übereinstimmung der berechneten und der spektroskopisch gefundenen Schwingungsniveaus erzielt wird (Berücksichtigung der Anharmonizität der Schwingung).

Haben wir nun z. B. den Fall, daß ein Atom X in die Nähe eines Moleküls YZ gerät, so lassen sich die Energieverhältnisse annähernd dem Diagramm **Abbildung III, 6** entsprechend darstellen. Links haben wir die Potentialmulde des Moleküls YZ, rechts die von XY. Beide Täler sind durch den Energieberg E_0 getrennt. Es ist hierbei angenommen, daß die Potentialkurve durch die Nachbarschaft eines dritten Atoms nicht verändert wird.

Wir bringen nun X noch näher an Y heran und berücksichtigen schließlich auch die Wechselwirkung zwischen X und Z (**Abbildung III, 7**). Durch sie wird die YZ-

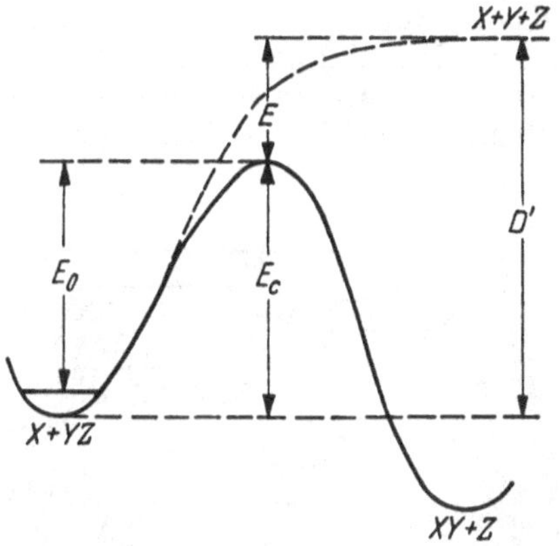

Abb. III, 6. Energieschema für die Reaktion $X + YZ \rightarrow XY + Z$. Die Aktivierungsenergie E_0 ist gegenüber der Dissoziationsenergie von YZ erniedrigt [2]

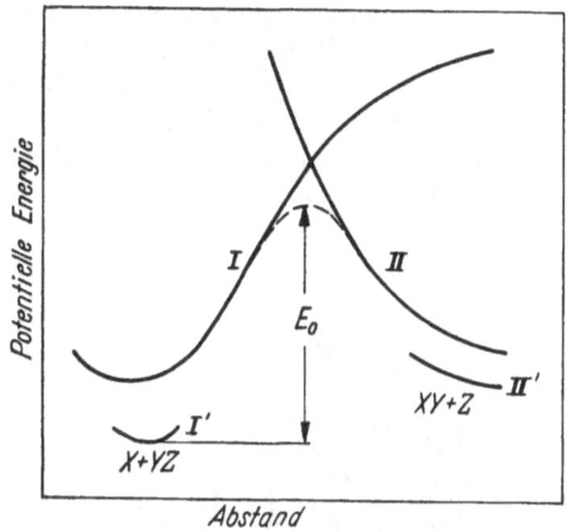

Abb. III, 7. Energieschema für die Reaktion $X + YZ — XY + Z$ unter Berücksichtigung der Wechselwirkung der Außenatome X und Z

Bindung gedehnt, d. h. das Molekül YZ wird auf einen höheren Energiezustand gehoben, und die aus der Überschneidung der Kurven I und II sich ergebende Spitze eingeebnet. Tritt nun der Fall ein, daß das Atom Y, das zunächst an Z gebunden ist, beim Ausschwingen den höchsten Punkt erreicht, so hat es die Wahl, entweder in die Potentialmulde YZ zurückzuschwingen oder in die Potentialmulde XY hinüberzuwechseln. Im letzteren Falle hat sich die Reaktion

$$X + YZ = XY + Z \tag{4}$$

vollzogen, wobei die aus Abbildung III, 7 ersichtliche Energieschwelle E_0 überwunden werden mußte, die aber jedenfalls viel niedriger ist als der Energiebetrag $D' — N_0$ (in Abbildung III, 6), der zur völligen Dissoziation von YZ notwendig gewesen wäre.

Die Höhe E_0 kann man rechnerisch ermitteln, wenn man für sämtliche möglichen Konfigurationen der Atome X, Y, Z den zugehörigen Wert der potentiellen Energie kennt. Alle vorkommenden Energiewerte müssen zwischen dem energetisch niedrigsten Zustand — in unserem Bilde also dem Endzustand — und dem höchsten Energiewert liegen, der (Abbildung III, 6 rechts oben) bei der völligen Trennung der drei Atome erreicht wird. Wie man die Berechnung der potentiellen Energien für bestimmte Abstände durchführt, soll im nächsten Kapitel gezeigt werden.

Sind — wie wir annehmen wollen — alle drei Atome linear angeordnet (**Abbildung III, 8**), so hat man, da die Summe der Abstände $X—Y$ und $Y—Z$ gleich dem Abstande $X—Z$ ist, nur zwei unabhängig variable Abstände und man kann infolgedessen alle berechneten Energiewerte in einem Diagramm darstellen, das als Abszisse den Abstand $X—Y$ und als Ordinate den Abstand $Y—Z$ enthält. Verbindet man nun gleiche Energiewerte durch „Höhenlinien", so erhält man das Bild eines gebirgigen Geländes auf einer Landkarte (**Abbildung III, 9**). Der

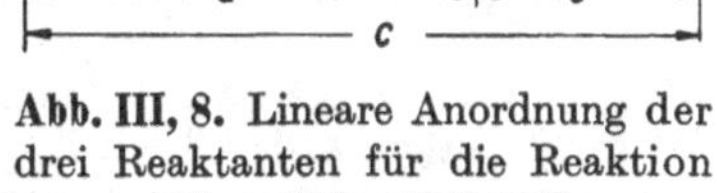

Abb. III, 8. Lineare Anordnung der drei Reaktanten für die Reaktion $X + YZ \rightarrow XY + Z$

Verlauf der Reaktion kann dann durch den Weg einer Kugel versinnbildlicht werden, die aus dem Tale in Ost-West-Richtung in das Tal in Nord-Südrichtung läuft, wobei sie die geringste Energie benötigt, wenn sie den Weg über den Sattel nimmt, der in der gewählten Darstellung bei 26 kcal liegt. Der am Rande (oben und rechts) angedeutete Querschnitt der beiden Täler entspricht den Potentialkurven der Moleküle XY und YZ.

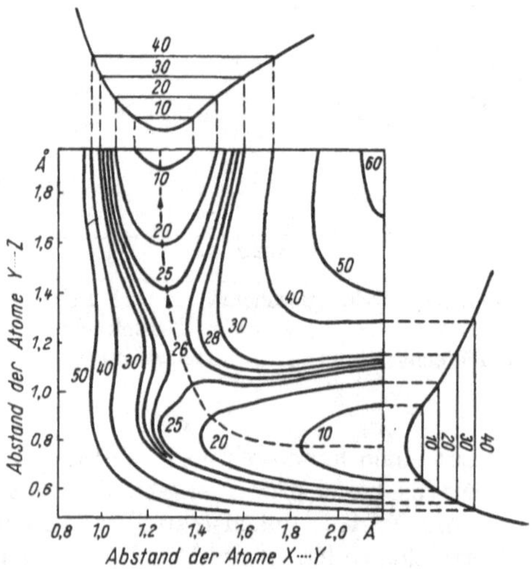

Abb. III, 9. Landkartenmäßige Darstellung der Energie in der Nähe des „Sattels" beim Übergang $XY + Z \rightarrow XZ + Y$ (nach EYRING und POLANYI [1])

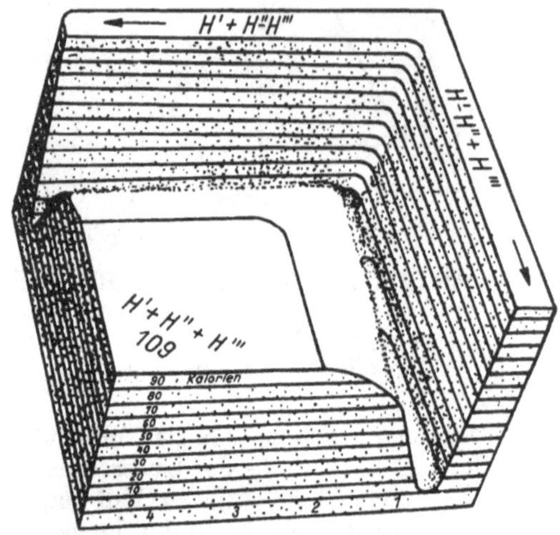

Abb. III, 10. Dreidimensionale Darstellung des „Resonanzgebirges" für die Reaktion $H + H_2 \rightarrow H_2 + H$ (nach EYRING und POLANYI [1])

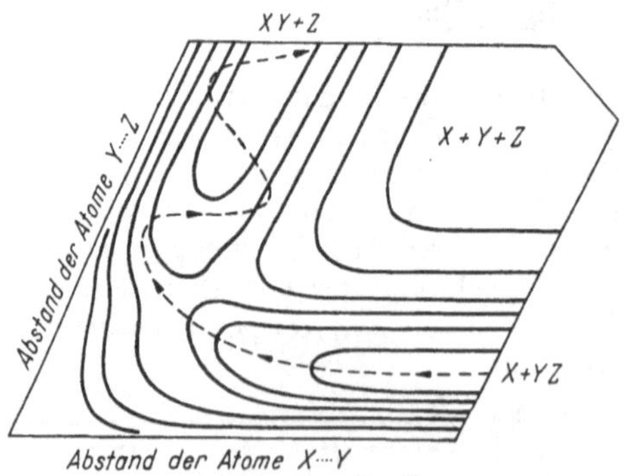

Abb. III, 11. Energieschema des Sattelgebietes für die Reaktion $X + YZ \rightarrow XY + Z$ in schiefwinkliger Darstellung (Achsenwinkel 60°). Die Reaktion verläuft mit Überschußenergie, wobei die Translationsenergie des Reaktanten in Schwingungsenergie des Endproduktes verwandelt wird [2]

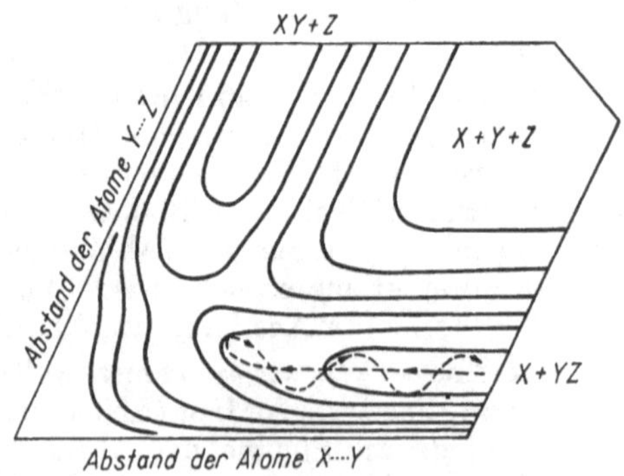

Abb. III, 12. Energieschema, wie in Abb. III, 11. Die Energie der Ausgangsprodukte genügt nicht zur Reaktion, wohl aber zur Anregung einer Schwingung [2]

Abbildung III, 10 gibt die Verhältnisse nach Berechnungen von EYRING und POLANYI für die Reaktion

$$H + H_2 \longrightarrow H_2 + H$$

in dreidimensionaler Darstellung wieder.

Abbildung III, 11 und III, 12 zeigen dasselbe „Potentialgebirge“ wie Abbildung III, 9, nur in einem Koordinatensystem, dessen Achsen einen Winkel von 60° bilden. In dieser Darstellung wird die Analogie zwischen der Bewegung einer über den Sattel rollenden Kugel und dem Durchlaufen der einzelnen Energieniveaus bei der Reaktion fast vollständig. Die beiden Diagramme zeigen anschaulich, wie durch das Anrollen gegen die Hänge des Potentialgebirges Translationsenergie in Schwingungsenergie umgewandelt werden kann.

12. Berechnete Absolutwerte von Aktivierungsenergien

Die Berechnung sei hier für den einfachen Fall der Reaktion

$$H + H_2 \rightarrow H_2 + H$$

durchgeführt, deren Geschwindigkeit bei Benützung von para-Wasserstoff (pH_2) als Ausgangsmolekül sich leicht messen läßt. GEIB und HARTECK konnten zeigen, daß para-Wasserstoff mit Wasserstoffatomen zu normalem Wasserstoff (nH_2) reagiert:

$$H + pH_2 \rightarrow nH_2 + H.$$

Diese Reaktion, für die eine Aktivierungsenergie von 6,7 kcal experimentell bestimmt wurde, eignet sich als Standardreaktion zur Bestimmung von H-Atomkonzentrationen (vgl. S. 94).

Die theoretische Berechnung wurde zunächst von LONDON durchgeführt. Die Bindung des Wasserstoffmoleküls wird zum größten Teil durch quantenmechanische Resonanzkräfte bedingt (hieraus leitet sich der Name „Resonanzgebirge“ ab, der häufig statt „Potentialgebirge“ verwendet wird). Da jedoch die reagierenden Atome auch elektrisch geladene Teilchen (Elektronen und Protonen) enthalten, ist ein gewisser Anteil der Bindungsenergie (COULOMBscher Anteil) elektrischen Kräften zuzuschreiben, die aus der räumlichen Ladungsverteilung als COULOMBsche Wechselwirkung resultieren. Es läßt sich also der Energiewert, den zwei Atome im Abstand r besitzen, näherungsweise als eine Summe aus Resonanzenergie ($\alpha_{(r)}$) und COULOMBscher Wechselwirkung ($A_{(r)}$) ausdrücken:

$$E_{(r)} = A_{(r)} + \alpha_{(r)}. \tag{1}$$

Die Aufteilung in diese beiden Anteile ist deshalb von Bedeutung, weil die Berechnung des Energiewertes beim Zusammenwirken mehrerer Potentialkurven für beide Anteile nach verschiedenen Gesetzmäßigkeiten verläuft.

In **Abbildung III, 13** ist durch die obere Kurve der COULOMBsche Anteil wiedergegeben, der in diesem Falle nur etwa 10 bis 15% des quantenmechanischen Resonanzeffektes ausmacht. **Abbildung III, 14 und III, 15** zeigen die verschiedenen Abstände, die bei der Wechselwirkung von drei und vier Atomen auftreten. Zu jedem Abstand gehört eine Potentialkurve. Für drei Atome, die wir hier allein betrachten

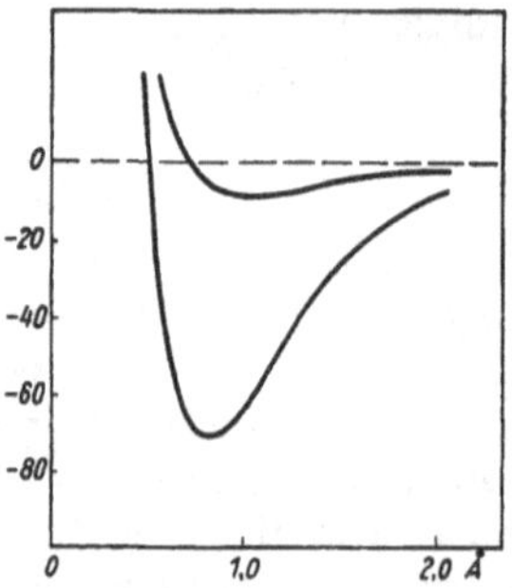

Abb. III, 13. Größe des Coulombschen Anteils (obere Kurve) bei einer der Abb. III, 5 entsprechenden Potentialkurve (nach EYRING [4])

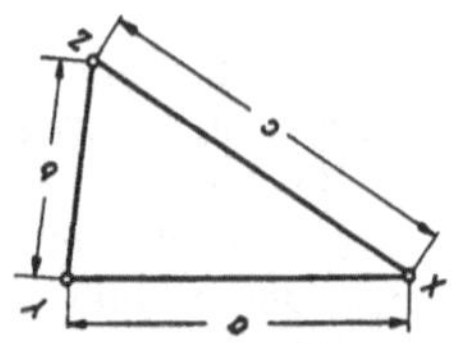

Abb. III, 14. Mögliche Abstände der Atome X, Y, Z beim 3-Atom-Prozeß

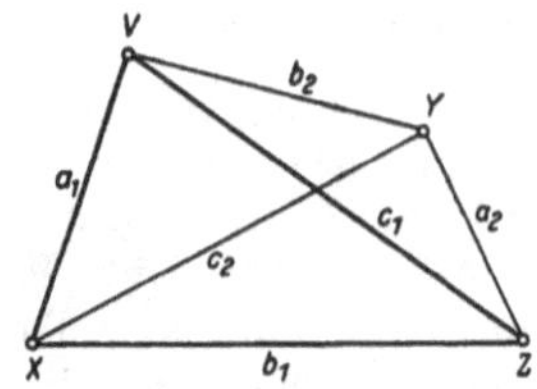

Abb. III, 15. Mögliche Abstände der Atome V, X, Y, Z beim 4-Atom-Prozeß

wollen, ergeben sich also die folgenden drei Funktionen:

$$\begin{aligned} E(a) &= A(a) + \alpha(a) \\ E(b) &= B(b) + \beta(b) \\ E(c) &= C(c) + \gamma(c). \end{aligned} \tag{2}$$

Während sich nun bei der Berechnung der Gesamtenergie des Systems die COULOMBschen Anteile einfach addieren, berechnet sich die Energie aus den Resonanzanteilen α, β, γ nach folgendem Ausdruck:

$$-W_{(a,b,c)} = \sqrt{\alpha^2 + \beta^2 + \gamma^2 - \alpha\beta - \beta\gamma - \gamma\alpha}\,. \tag{3}$$

Der Umsatz vollzieht sich auf demjenigen Wege, auf dem die zu überwindende Energieschwelle am kleinsten ist. Der höchste Energiebetrag, der dabei erreicht wird, entspricht der Aktivierungsenergie. Erfreulicherweise ergibt die Durchrechnung, daß die lineare Konfiguration der Atome die günstigste ist, d. h. gerade diejenige, die wir oben wegen ihrer bequemen Darstellbarkeit bevorzugt hatten, und bei der die einfache Beziehung gilt:

$$a + b = c \tag{4}$$

(vgl. Abbildung III, 8). Unter Vernachlässigung der COULOMBschen Glieder und der Wechselwirkung der äußersten Atome (γ) erhält man einen vereinfachten Ausdruck

$$-W_{(a,b)} = \sqrt{\alpha^2 + \beta^2 - \alpha\beta} \tag{5}$$

Bei festgehaltenem Abstand a ($= r_0$ des Wasserstoffmoleküls) erreicht die Energie ihr Maximum, wenn $\beta = \alpha/2$ ist, also

$$-W_{(a,b)} = \sqrt{\frac{3}{4}\alpha^2} = 0{,}87\,\alpha \tag{6}$$

Da wir vom Energieniveau α (= Bindungsenergie des Wasserstoffmoleküls $= D + N_0 = 109$ kcal) ausgehen, ist der Unterschied zwischen dem tiefsten Punkt des Potentialgebirges und dem Sattel nur 0,13.109 = 14 kcal. Berücksichtigt man nun, daß man von einem um die Nullpunktsenergie (6 kcal) höher liegenden Niveau ausgeht, so hat man nur eine Energiedifferenz von 8 kcal zu überwinden. Dieser Wert stimmt innerhalb der Unsicherheit der Abschätzung völlig mit dem gefundenen Wert (vgl. IV, 1 S. 90) von 6,7 kcal überein*).

EYRING und POLANYI haben versucht, dieselbe Reaktion unter Berücksichtigung der Wechselwirkung zwischen X und Z, also unter Benützung aller in Formel 3 vorkommenden Energiewerte durchzuführen, und schließlich das Verfahren auch auf ein System von 4 Atomen

$$WX + YZ = WY + XZ$$

angewendet. Sie benutzten dazu eine „halbempirische" Methode, die darin besteht, daß man die Bindungsenergie als Funktion des Atomabstandes der an einer Gasreaktion beteiligten Bindungen in Form der MORSE-Gleichung (III_{11}, 3, S. 72) ausdrückt und diese in einen COULOMB- und einen Austauschanteil aufspaltet, EYRING legte dann den COULOMBanteil empirisch fest, so daß gemessene und berechnete Aktivierungsenergie bei der Parawasserstoffumwandlung übereinstimmten. Offenbar ist aber der COULOMBanteil der Bindungsenergie nicht konstant, denn bei der Anwendung der halbempirischen Methode auf einfache Gasreaktionen zeigt es sich, daß die berechnete Aktivierungsenergie mehr oder minder stark nach oben hin von dem gemessenen Wert abweicht.

An einem Beispiel soll nun gezeigt werden, wie die Berechnung von Aktivierungsenergien einfacher Gasreaktionen nach der halbempirischen Methode dazu beiträgt, den Reaktionsmechanismus solcher Prozesse aufzuklären. Bei den Reaktionen zwischen Wasserstoffmolekülen einerseits und den Halogenmolekülen (X_2) Chlor, Brom und Jod andererseits erhebt sich die Frage, ob diese Molekülpaare in einem einfachen Stoß reagieren, so daß der Energieberg einen Reaktionsknäuel aus vier Atomen verkörpert,

$$H_2 + X_2 \rightarrow \begin{pmatrix} HX \\ HX \end{pmatrix} \rightarrow 2\,HX, \qquad \text{(I)}$$

oder ob die Reaktion in aufeinanderfolgenden Teilprozessen als Kettenreaktion abläuft:

$$\begin{array}{ll} \text{a)}\ X_2 \rightarrow 2X & \\ \text{b)}\ X + H_2 \rightarrow (XHH) \rightarrow XH + H & \qquad \text{(II)} \\ \text{c)}\ H + X_2 \rightarrow HX + X & \\ \text{d)}\ X + X \rightarrow X_2 \quad \text{oder} \quad \text{e)}\ X \rightarrow \text{Wand} & \end{array}$$

Im ersten Teilprozeß (a) der Reaktionsfolge II ist die Dissoziationsenergie D des Halogenmoleküls X_2 aufzubringen, um Halogenatome X zu erzeugen. Solche Dissoziationsenergien sind aus den spektroskopischen Daten der Moleküle bekannt. Für den zweiten Teilprozeß II (b) wird ein Halogenatom benötigt. Hierfür ist die halbe Dissoziationsenergie in Rechnung zu stellen, wenn der Abbruch nach d verläuft (Annahme der Einstellung des Gleichgewichts $X_2 \rightleftharpoons 2X$). Der zweite Teilprozeß stellt einen Atomaustausch dar, an dem drei Atome beteiligt sind und dessen Aktivierungsenergie ebenso wie die der Vieratomreaktion I sich nach der halbempirischen Methode berechnen läßt. Der dritte Teilprozeß II (c) läuft automatisch mit der gleichen Geschwindigkeit ab wie II (b) und seine Geschwindigkeitskonstante geht in die Reaktionsgleichung nicht ein (siehe z. B. II_8 4, S. 27). Die Aktivierungsenergie der Abbruchreaktion ist etwa gleich 0 zu setzen (sie müßte von den Aktivierungsenergien der Reaktionen (a) und (b) abgezogen werden). Die Aktivierungsenergie E (II), die bei der Reaktionsfolge II auftreten müßte, setzt sich also additiv aus der halben Dissoziationsenergie $D/2$ und der Aktivierungsenergie E (IIb) des zweiten Teilprozesses zusammen:

$$E(\text{II}) = D/2 + E(\text{IIb}) \qquad (7)$$

*) Unter Berücksichtigung der Nullpunktenergie des aktivierten Komplexes wird der abzuziehende Betrag kleiner ($\sim$ 2 kcal), die Übereinstimmung ist dann nicht mehr so gut.

Nach dem Prinzip, daß die Reaktion den Weg einschlägt, der die geringste Energie erfordert, kann ein Vergleich der berechneten Aktivierungsenergien E (I) und E (II) zeigen, welche der drei Reaktionen mit Chlor, Brom und Jod nach dem einfachen Vieratomprozeß I und welche nach dem Kettenmechanismus II abläuft. Man kann aber — wegen der unzureichenden Kenntnis der Größe des COULOMBschen Anteils — nicht erwarten, daß der berechnete Absolutwert der Aktivierungsenergie mit dem gemessenen Wert E genau übereinstimmt. In **Tabelle III, 4** sind nun die gemessene Aktivierungsenergie E der drei behandelten Gasreaktionen, die Dissoziationsenergie D der Halogenmoleküle und die beiden nach der halbempirischen Methode berechneten Aktivierungsenergien E (I) und E (IIb), sowie die nach (7) ermittelte Aktivierungsenergie E (II) der Reaktionsfolge II angegeben.

Tab. III, 4. Gemessene und nach der halbempirischen Methode berechnete Energiewerte in kcal/Mol für die Reaktionen zwischen Wasserstoff- und Halogenmolekülen

$H_2 + X_2$	$E_{gem.}$	D	E(IIb)	E(II)	E(I)
$H_2 + Cl_2$	(~ 40)	57,2	7	36	45
$H_2 + Br_2$	41	45,4	18	41	39
$H_2 + J_2$	40	35,6	40	58	48

In Übereinstimmung mit Tab. IV, 4 hat die experimentelle Untersuchung ergeben, daß Chlor und Brom nach einem Kettenmechanismus, Jod hingegen als J_2 mit H_2 reagiert. Bei der Bromwasserstoffreaktion finden wir auch das für die Berechnung angenommene vorgelagerte Gleichgewicht. $X_2 \rightleftharpoons X + X$. Bei der Chlorwasserstoffbildung wird für die photochemische Reaktion natürlich die ganze Dissoziationsenergie durch das Lichtquant geliefert. Die Aktivierungswärme für II (b) wurde in guter Übereinstimmung mit der obigen Berechnung zu 6 kcal bestimmt (vgl. IV_3, S. 105). Die thermische Reaktion konnte bisher als reine Gasreaktion, d. h. frei von katalytischen Wandeinflüssen, nicht experimentell verifiziert werden.

POLANYI hat für Austauschprozesse, an denen Ionen beteiligt sind, einen Weg zur klassisch-mechanischen Berechnung von Aktivierungsenergien gezeigt, der aber meist nicht gangbar ist, weil man den Übergangszustand, bei dem die reagierenden Bindungen nicht lokalisiert sind, klassisch nicht beschreiben kann. So führt die Überlagerung der Potentialflächen von Ausgangs- und Endsystem mit Hilfe der MORSE-Kurve (für gebundene Atome) und des elektrostatisch-kinetischen Wechselwirkungspotentials (für ungebundene Atome) zu einem gratigen Sattel. In Wahrheit bringt die Ununterscheidbarkeit von Ausgangs- und Endsystem im Übergangszustand eine Energieerniedrigung, die sogenannte Entartungs- oder Resonanzenergie des aktivierten Komplexes, die von KLEINPAUL [5] aus der Übergangswahrscheinlichkeit des reagierenden Systems berechnet werden konnte. Aus seiner Überlegung geht hervor, daß die Aktivierungsenergie aller Austauschprozesse, bei denen das Innenzentrum konstant bleibt, während die beiden identischen Außenzentren variiert werden (symmetrische Prozesse), gleich ist.

So müssen z. B. die Aktivierungsenergien der folgenden Elementarprozesse dem Betrage nach übereinstimmen:

$$\begin{aligned} H + H_2 &\rightarrow H_2 + H \\ Cl + HCl &\rightarrow ClH + Cl \\ Br + HBr &\rightarrow BrH + Br \\ J + HJ &\rightarrow JH + J \end{aligned}$$

Ferner ergibt sich ein Zusammenhang zwischen der Aktivierungsenergie (E_a) und der Reaktionsenthalpie ΔH_a für Austauschprozesse, bei denen sich nur ein Substituent ändert, wie z. B. bei den in Tabelle III, 5 aufgeführten Reaktionen.

Tab. III, 5. Enthalpie und Aktivierungsenergie bei Änderung eines Substituenten (vgl. [6])

Reaktionen	Enthalpie ΔH_a	Meßtemperatur °K	Aktivierungsenergie gemessen	reduziert auf $T = 0$*)
1) $H + H_2 \rightarrow H_2 + H$	0	328	6,7 ± 0,3	7,4
		973	5,5 ± 0,8	7,4
2) $Cl + H_2 \rightarrow ClH + H$	1,2	285	6,1 ± 1	6,7
		649	5,5	6,8
3) $Br + H_2 \rightarrow BrH + H$	17,2	550	18,8	20,4
		1035	17,3	20,4
4) $J + H_2 \rightarrow JH + H$	32,8	672	33,4 ± 0,4	34,7

Ist die Änderung der Enthalpie gering, so liegt die Aktivierungsenergie E_a etwa in der Höhe der Aktivierungsenergie E_s der symmetrischen Reaktion ($\Delta H = 0$). Als Grenzbeziehung gilt nach KLEINPAUL

$$E_a = E_s + \frac{\Delta H_a}{2}$$

Für Reaktionen mit starker negativer Wärmetönung nähert sich E immer mehr dem ΔH-Wert, also dem Grenzfall $E_a = \Delta H_a$.

Literaturhinweise

1. EYRING, H. und POLANYI, M., Z. Phys. Chem. **B 12** (1931) 279.
2. GLASSTONE, S., LAIDLER, K. J., EYRING, H., The Theory of Rate Processes, McGraw Hill Book Comp. Inc. (New York, London), 1941.
3. EYRING, H., WALTER, J., KIMBALL, G. E., Quantum Chemistry, John Wiley & Sons, New York, 1947.
4. JOHNSON, F. J., EYRING, H., POLISSAR, M. J., The Kinetic Basis of Molecular Biology, John Wiley & Sons, New York, 1954.
5. KLEINPAUL, W., Z. Phys. Chem. N. F. 23 (1960), 313.

13. Berechnete Absolutwerte der Geschwindigkeitskoeffizienten für den Reaktionstyp $X^+ + YH \longrightarrow XH^+ + Y$

Da wir früher ausgeführt haben (III$_1$, S. 36), daß die statistische (kinetische) Theorie gegenüber der Thermodynamik als die umfassendere und grundlegendere anzusehen ist, müssen wir auch verlangen, daß die erstere — quantenmechanisch erweitert — ohne die Annahme eines thermodynamischen Gleichgewichtes zwischen Ausgangszustand und aktiviertem Komplex einen Ausdruck für den Geschwindigkeitskoeffizienten k liefern soll. Mit Hilfe der Quantenstatistik ist diese Forderung tatsächlich erfüllbar. Wir müssen auf die Ableitung verzichten und geben nur das

*) Die Aktivierungsenergien am absoluten Nullpunkt wurden unter Berücksichtigung der Tatsache berechnet, daß bei der Reaktionstemperatur bereits angeregte Energieniveaus vorhanden sind, deren Energiebetrag zur gemessenen Aktivierungsenergie hinzugezählt werden muß.

Resultat an

$$k = \frac{1}{F_1 \cdot F_2 \cdots} \int_0^\infty \sum_j \sum_i \varkappa_{ij}(p) \cdot \omega_i \cdot e^{-\frac{E_i}{\mathrm{k}T}} \cdot e^{-\frac{p^2}{2m\mathrm{k}T}} \cdot \frac{p\,dp}{m \cdot h}. \tag{1}$$

Hierin bedeuten $F_1 \cdot F_2 \cdots$ die Zustandssummen (Partitionsfunktionen) der Reaktanten definiert durch $F = \sum \omega_i e^{-\frac{E_i}{\mathrm{k}T}}$, ω_i das quantenstatistische Gewicht des i-ten Zustandes mit der Energie E_i, p das positive Impulsmoment des betrachteten Systems in Richtung der Reaktions-Koordinate (s. Abb. III, 3—4), $\frac{p}{m}$ also die Geschwindigkeit entlang des Reaktionsweges und schließlich $\varkappa_{ij}(p)$ den *Transmissionskoeffizienten* (einer SCHRÖDINGERschen ψ-Welle) für den Übergang vom Zustand i in den Zustand j.

Der Ausdruck (1) enthält kein Entropieglied, sondern nur die Energien E_i der verschiedenen Quantenzustände und den Impuls des Gesamtsystems. Der Einfluß der Aktivierungsenergie ist erfaßt in den *Transmissionskoeffizienten* $\varkappa_{ij}(p)$, d. h. im Bilde einer ψ-Welle, die gegen einen Potentialberg anläuft und teilweise hindurchgeht oder reflektiert wird. Irgendwelche Gleichgewichtszustände sind nirgends vorausgesetzt außer der Annahme, daß zwischen den verschiedenen Schwingungszuständen jedes Ausgangspartners Gleichgewicht besteht. Die letztere Voraussetzung läßt sich im Gaszustand immer rechtfertigen, denn sie bedeutet nur, daß im Ausgangszustand hinreichend großer Entfernungen zwischen den Reaktanten die Wechselwirkungen beliebig klein sind.

Die völlige Allgemeinheit der Beziehung (1) wird aber nur erkauft um den Preis, daß man nicht mit ihr rechnen kann ohne weitere vereinfachende Annahmen. Eine solche ist die Annäherung an den klassischen Fall:

$$\varkappa_{ij} = 0 \qquad \text{für} \qquad \frac{p^2}{2m} \leqq E_0$$

$$\varkappa_{ij} = \varkappa_{\text{mittel}} > 0 \qquad \text{für} \qquad \frac{p^2}{2m} > E_0 .$$

Damit wird nach EYRING

$$k = \varkappa \frac{\sum_i \omega_i e^{-\frac{E_i}{\mathrm{k}T}}}{F_1 F_2 \cdots} \cdot \frac{\mathrm{k}T}{h} e^{-\frac{E_0}{RT}} . \tag{2}$$

Diese Beziehung ist formalidentisch mit (III_{10} 6, S. 71), wenn man wiederum ein thermodynamisches Gleichgewicht zwischen dem aktivierten Komplex und den Reaktanten betrachtet. Der mittlere Transmissionskoeffizient läßt sich in einfachen Fällen quantenmechanisch berechnen, so daß bei Kenntnis der Aktivierungsenergie (theoretisch berechnet oder experimentell bestimmt) auch an eine absolute Berechnung von k herangegangen werden kann.

Im Jahre 1936 haben EYRING, HIRSCHFELDER und TAYLOR [3] eine solche k-Berechnung mitgeteilt für die Reaktion

$$H_2^+ + H_2 \longrightarrow H_3^+ + H$$

mit dem Ergebnis $k = 2{,}07 \cdot 10^{-9}$ cm³/sec. Dieser Wert ist außerordentlich hoch, denn er beträgt nahezu das Fünffache des gaskinetischen. Letzterer ergibt sich nach

(III$_7$ 3b, S. 56) mit $\sigma_{H_2} = 1{,}7 \cdot 10^{-15}$ cm² und $\bar{v} = 1{,}77 \cdot 10^5 \frac{\text{cm}}{\text{sec}}$ bei 25° C zu $k_0 = 1{,}7 \cdot 10^{-15} \cdot \sqrt{2} \cdot 1{,}77 \cdot 10^5 = 4{,}3 \cdot 10^{-10} \frac{\text{cm}^3}{\text{sec}}$.

Auf experimentellem Wege sind in neuester Zeit noch eine ganze Reihe weiterer Reaktionen vom selben Typ

$$\underset{n_1}{X^+} + \underset{n_2}{YH} \longrightarrow \underset{n_3}{XH^+} + Y$$

mit Hilfe der massenspektrometrischen Methode untersucht worden. Dabei wurden durchweg sehr hohe k-Werte gefunden im Vergleich zu Gasreaktionen zwischen neutralen Molekülen im Grundzustand und diese hohen k-Werte stimmen in einem sonst bisher nicht erreichten Grade überein mit theoretischen Berechnungen (s. **Tab. III, 6**). Die experimentelle Methodik zur Untersuchung derartiger Ionen-Molekül-Reaktionen werden wir in Abschnitt IV$_6$, S. 117, behandeln und an dieser Stelle zunächst nur eine theoretische Formulierung der k-Berechnung angeben, die eine klassische Näherung darstellt (Gioumousis u. Stevenson).

Ein Ion X^+ können wir auffassen als ein Teilchen, das bereits „aktiviert" ist. Bei neutralen Teilchen im aktivierten Zustand X^* stellt die Berechnung der Wechselwirkung mit einem Reaktionspartner allgemein eine schwer lösbare Aufgabe dar. Die Wechselwirkung Ion-Molekül beruht jedoch vorwiegend auf der elektrischen Polarisation eines an sich dipollosen neutralen YH, die von dem Feld eines sich nähernden X^+ induziert wird und in klassischer Weise beschrieben werden kann. Die YH sollen kein eigenes Dipolmoment aufweisen und außerdem annähernd Kugelform besitzen, d. h. das Moment soll isotrop induziert werden. Zwischen einem Ion und einem Neutralen herrscht dann ein Potential (in cgs-Einheiten):

$$\Phi(r) = -\frac{e^2 \cdot \alpha}{2 r^4}. \tag{3}$$

Hierin bedeuten: r den Abstand der beiden Teilchen, e die Ladung des Ions und α die elektrische Polarisierbarkeit des Moleküls YH, definiert durch

$$\mathfrak{m} = \alpha \cdot \varepsilon_0 \cdot \mathfrak{E}, \tag{3a}$$

wo $\mathfrak{m}$ das im Felde $\mathfrak{E}$ induzierte Dipolmoment und ε_0 die Dielektrizitätskonstante des Vakuums bezeichnen. Wenn nun ein Ion und ein Molekül in großem Abstand sich mit der Relativgeschwindigkeit $\mathfrak{v}_1 - \mathfrak{v}_2 = g$ geradlinig frei aufeinander zu bewegen, so treten ab einer gewissen Annäherung gegenseitige Ablenkungen von den geraden Bahnen ein infolge der mit $1/r^4$ zunehmenden Wirkung des Potentials (3). Die Bahnen in einem solchen Potential hat bereits Langevin angegeben bei seiner bekannten Berechnung der Ionenbeweglichkeiten in Gasen. Sie sind bestimmt durch zwei Größen: die Relativgeschwindigkeit g und den Stoßparameter b, welcher den Abstand der geraden Bahn von einer Parallelen durch das Stoßzentrum bedeutet.

In **Abbildung III, 16** ist eine Reihe typischer Bahnen wiedergegeben mit verschiedenen Werten des Parameters b. Man entnimmt dieser Darstellung, daß ein kritischer Wert b_0 existiert. Bahnen, für die $b \geqq b_0$, führen zu keiner engeren Annäherung als höchstens auf den Abstand $b_0/\sqrt{2}$, während für $b < b_0$ sämtliche Bahnen im Stoßzentrum enden. Es erreichen daher alle Bahnen mit $b < b_0$ auch einen „Reaktionsabstand" $r_c < b_0/\sqrt{2}$. Sofern nun jede Annäherung innerhalb der „Reaktionssphäre" $4\pi/3 \cdot r_c^3$ auch wirklich zur Reaktion führt, ist der Wirkungsquerschnitt nicht durch πr_c^2 sondern bereits durch πb_0^2 gegeben.

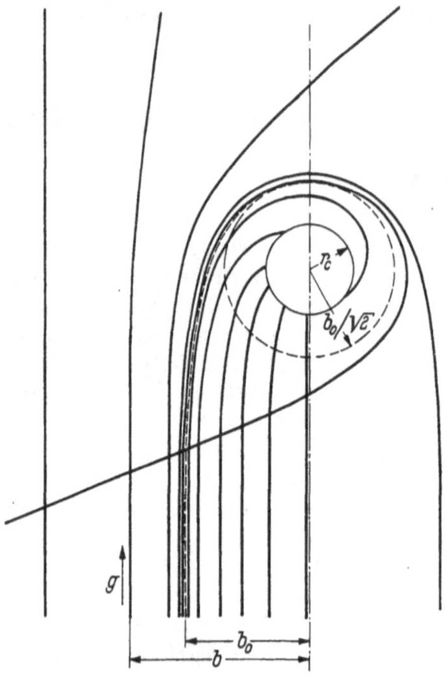

Abb. III, 16. Eine Schar typischer Bahnkurven für verschiedene Werte des Stoßparameters b bei festgehaltenem Betrag g der Relativgeschwindigkeit. Die gestrichelte Bahn gehört zu dem kritischen Wert b_0. Sie geht in einen Kreis mit dem Radius $r = b_0/\sqrt{2}$ über. Wenn der „Reaktionsradius" $r_c < b_0/\sqrt{2}$, dann erreichen alle Bahnen, für die $b < b_0$, die Reaktionssphäre. Unter der Annahme, daß die beiden Reaktanten dann bei jeder Begegnung innerhalb der Reaktionssphäre miteinander reagieren, ist demnach der Wirkungsquerschnitt im wesentlichen nicht durch r_c, sondern durch den exakt berechenbaren Wert von b_0 bestimmt.

b_0 muß, wie man leicht überlegt, von der anfänglichen Relativgeschwindigkeit g abhängen. Die Rechnung ergibt

$$b_0 = \left[\frac{4e^2\alpha}{\mu g^2}\right]^{1/4}, \tag{4}$$

wobei μ wie früher $m_{12} = \frac{m_1 \cdot m_2}{m_1 + m_2}$ die reduzierte Masse bedeutet. Damit erhält man den Wirkungsquerschnitt $\sigma(g)$ zu

$$\sigma(g) = \pi b_0^2 = \frac{2\pi e}{g}\sqrt{\frac{\alpha}{\mu}}\,. \tag{5}$$

Die Verteilung der Relativgeschwindigkeiten muß dabei so beschaffen sein, daß nur sehr wenige Stöße mit hohem g vorkommen, für die wegen $b_0 \sim 1/\sqrt{g}$ die Bedingung $r_0 < b_0/\sqrt{2}$ nicht mehr erfüllt ist. Mit anderen Worten: die Ionen dürfen in der Stoßkammer keine hohen Geschwindigkeiten besitzen. Die Ableitung gilt demnach für langsame (thermische) Ionen.

Für einen hohen Wirkungsquerschnitt ist nach (5) maßgebend: 1. kleine Relativgeschwindigkeit g, 2. kleine Masse des neutralen Moleküls YH und 3. hohe Polarisierbarkeit. Die Theorie sollte ferner am besten erfüllt sein für Moleküle geringer Ausdehnung, so daß sicher $r_c < b_0/\sqrt{2}$. Weiterhin sollten die Energieverluste an innere Freiheitsgrade vernachlässigbar bleiben, die letzteren sollten also nur in möglichst geringer Anzahl bei möglichst großen Termabständen vorhanden sein. Aus all diesen Gründen stimmt die Theorie am besten für Reaktionen zwischen H_2 und Edelgasionen oder H_2^+.

Die gesamte Produktion an XH^+ pro cm³ und sec ist allgemein gegeben zu

$$\frac{dn_3}{dt} = \int\int g \cdot \sigma(g) \cdot f_1(\mathfrak{v}_1) \cdot f_2(\mathfrak{v}_2)\, d\mathfrak{v}_1 d\mathfrak{v}_2 \cdot n_1 \cdot n_2. \tag{6}$$

f_1 und f_2 stellen die Geschwindigkeitsverteilungen der Stoßpartner dar. In unserem speziellen Falle ist auf Grund von (5) das Produkt $\sigma(g) \cdot g$ eine Konstante, wodurch die Integration bereits stark vereinfacht wird. Sofern beide Stoßpartner dieselbe MAXWELLsche Geschwindigkeitsverteilung besitzen, hat das Integral den Wert 1, und wir erhalten mit Hilfe von (5)

$$\frac{dn_3}{dt} = 2\,\pi e \sqrt{\frac{\alpha}{\mu}} \cdot n_1 \cdot n_2 . \tag{7}$$

Damit ergibt sich theoretisch der Geschwindigkeitskoeffizient unabhängig von der Temperatur zu

$$k = 2\pi e \sqrt{\frac{\alpha}{\mu}} \,. \tag{8}$$

Er kann daher bei Kenntnis von α sofort angegeben werden.

In der Tabelle III, 6 sind für eine Reihe von Reaktionen experimentell bestimmte und theoretisch nach (8) berechnete k-Werte angegeben. Die sehr gute Übereinstimmung bestätigt das einfache theoretische Modellbild.

Tab. III, 6. Vergleich von theoretischen mit experimentellen k-Werten nach GIOUMOUSIS und STEVENSON

Reaktion	$\alpha \cdot 10^{24}\,cm^3$	$\mu = \frac{m_1 m_2}{m_1 + m_2}$	$\frac{\alpha_{max}}{\alpha_{min}}$	$k \cdot 10^9\,cm^3$/Molekül sec Exptl.	Theoret.
$Ar^+ + H_2 \longrightarrow ArH^+ + H$	0,7894	1,919	1,40	1,68	1,50
$Ar^+ + HD \longrightarrow \begin{cases} ArH^+ + D \\ ArD^+ + H \end{cases}$	0,7829	2,810	1,40	1,43	1,23
$Ar^+ + D_2 \longrightarrow ArD^+ + D$	0,7749	3,661	1,40	1,35	1,09
$Kr^+ + H_2 \longrightarrow KrH^+ + H$	0,7894	1,969	1,10	$0{,}48_7$	1,47
$Kr^+ + D_2 \longrightarrow KrD^+ + D$	0,7749	3,845	1,40	$0{,}30_4$	1,05
$Ne^+ + H_2 \longrightarrow NeH^+ + H$	0,7894	1,832	1,40	$0{,}27_4$	1,53
$N_2^+ + D_2 \longrightarrow N_2D^+ + D$	0,7749	3,523	1,40	1,72	1,10
$CO^+ + D_2 \longrightarrow COD^+ + D$	0,7749	3,523	1,40	1,63	1,11
$O_2 + H_2^+ \longrightarrow O_2H^+ + H$	1,60	1,897	1,94	7,56	2,16
$O_2 + D_2^+ \longrightarrow O_2D^+ + D$	1,60	3,579	1,94	3,56	1,52
$D_2 + D_2^+ \longrightarrow D_3^+ + D$	0,7749	2,015	1,40	1,43	1,45
$HCl^+ + HCl \longrightarrow H_2Cl^+ + Cl$	2,63	17,994	1,31	$0{,}43_8$	0,89
$HBr^+ + HBr \longrightarrow H_2Br^+ + Br$	3,61	41,001	1,27	$0{,}22_1$	0,67

α bedeutet die Polarisierbarkeit von YH, $\alpha_{max}/\alpha_{min}$ gibt das Verhältnis der maximalen zur minimalen Komponente des Polarisationstensors an und damit ein Maß für die Abweichungen von der Voraussetzung der Isotropie dieses Tensors.

Einem aufmerksamen Leser wird auffallen, daß für den Prozeß $Ne^+ + H_2 \rightarrow NeH^+ + H$ der experimentelle k-Wert wesentlich kleiner ist als der theoretische, während im Falle der ArH^+-Bildung ausgezeichnete Übereinstimmung besteht. Der Grund hierfür liegt darin, daß (infolge der hohen Ionisierungsenergie von Ne und He) noch eine starke H^+-Produktion parallel zur NeH^+- und HeH^+-Bildung erfolgt gemäß

$$He^+ + H_2 \longrightarrow HeH^+ + H$$
$$\searrow H^+ + H + He$$

und

$$Ne^+ + H_2 \longrightarrow NeH^+ + H$$
$$\searrow H^+ + H + Ne.$$

Die Protonen entstehen mit erheblichen Beträgen an kinetischer Energie. Sie sind deshalb in der Elektronenstoß-Ionenquelle eines Massenspektrometers kaum nachzuweisen, wohl aber in einer Glimmentladung, an die ein Massenspektrometer angeschlossen ist (PAHL und WEIMER s. Abschn. IV_6). Die berechneten k-Werte gelten also jeweils für die beiden Parallelreaktionen zusammen.

Literaturhinweise

1. S. GLASSTONE, K. J. LAIDLER und H. EYRING, The Theory of Rate Processes, McGraw-Hill Book Company, Inc., New York und London, 1941, S. 220ff.
2. H. EYRING, J. WALTER u. G. KIMBALL, Quantum Chemistry, John Wiley & Sons, Inc. New York, Chapman & Hall, Ltd., London 1958 Chapt. XV und XVI.
3. H. EYRING, J. O. HIRSCHFELDER und H. S. TAYLOR, J. chem. Phys. **4**, 479, (1936).
4. G. GIOUMOUSIS und D. P. STEVENSON, J. chem. Phys. **29**, 294 (1958).
5. M. PAHL u. U. WEIMER, L Proceedings of the fourth International Conference on Ionization Phenomena in Gases. Uppsala, 1959, Vol. I., S. 293, North-Holland Publishing Company Amsterdam.

14. Energieübertragung bei Stößen

Wir betrachten in diesem Abschnitt nach HERZFELD etwas genauer eine Reaktionsfolge bestehend aus dem bereits in III_9, S. 63f. behandelten Fall, daß die Aktivierung eines Moleküls durch Stöße erfolgt, und einen daran anschließenden monomolekularen Zerfall des aktivierten Moleküls gemäß

$$AB + M \longrightarrow AB^* + M \qquad \text{(I)}$$

$$AB^* \longrightarrow A + B \ . \qquad \text{(II)}$$

Der erste Prozeß verläuft nach der 2. Ordnung, der Zerfall nach der 1. Ordnung. Die Geschwindigkeit einer Bruttoreaktion, die über (I) und (II) verläuft, wird demnach bestimmt durch die langsamere dieser beiden Zwischenreaktionen und muß dementsprechend auch deren Ordnung aufweisen.

Wenn etwa (II) der langsamere Prozeß ist, dann werden die meisten der angeregten Moleküle AB^*, schon ehe sie zerfallen, bereits wieder durch weitere Stöße $AB^* + M \longrightarrow AB + M + E$ ihre Überschußenergie verlieren. Wir können in diesem Fall mit einer Gleichgewichtskonzentration n^* rechnen, die nur von der Temperatur, nicht aber — genügend desaktivierende Stöße vorausgesetzt — vom Druck abhängt. Die Bruttoreaktion verläuft dann nach der ersten Ordnung. Wenn wir nun den Druck sehr stark erniedrigen, dann kann die Desaktivierung soweit zurückgehen, daß der Prozeß (I) der langsamere wird und die Bruttoreaktion in die 2. Ordnung übergeht.

Der Geschwindigkeitskoeffizient für die 1. Ordnung der Bruttoreaktion k_1 wird mit abnehmendem Druck also kleiner. Wenn er nun speziell den Wert $k_1/2$ erreicht hat, so bedeutet dies, daß während der Zeit dt der Bruchteil $k_1 \cdot dt$ der Moleküle aktiviert wird und davon nur noch die eine Hälfte durch Stöße desaktiviert, während die andere Hälfte zerfällt. Oder anders ausgedrückt: Für $k_1/2$ sind die Geschwindigkeiten für Zerfall und Desaktivierung gerade gleich groß. Mit Hilfe dieser Bedingung kann man einen Ausdruck ableiten, der den „Frequenzfaktor" ν in (III_9 15, S. 68) des monomolekularen Zerfalls mit der Aktivierungsenergie und der Verteilung der Schwingungsenergie auf mehrere verschiedene Molekülschwingungen verknüpft.

Um dieses Ziel zu erreichen, müssen wir zuerst angeben, wie die Energie der Molekülschwingungen verteilt ist, wenn mehrere Schwingungen angeregt werden können. Die Berechnung soll sich auf den klassischen Fall harmonischer Schwingungen beschränken. Hierzu gebrauchen wir die in Abschn. III_3 (S. 42) abgeleitete Energiefunktion (23) für ein System mit s möglichen Schwingungen, dessen Gesamtzustand demnach von je s Lagekoordinaten $q_1 q_2 \ldots q_s$ und s Impulskoordinaten $p_1 \ldots p_s$ abhängt. In diesem Falle ist die Elementarzelle des $2s$-dimensionalen Phasenraumes gegeben durch

$$d\Omega = dq_1 \cdot dq_2 \cdots dq_s \cdot dp_1 \cdot dp_2 \cdots dp_s. \tag{1}$$

Ein bestimmter Energiebetrag (Anregung) E verteilt sich auf die s Schwingungen gemäß

$$\frac{dN_E}{N} = \frac{\int\limits_{E}^{E+dE} \cdots \int e^{-\frac{E}{\mathrm{k}T}} d\Omega}{\int\limits_{E=0}^{E=\infty} \cdots \int e^{-\frac{E}{\mathrm{k}T}} d\Omega}. \tag{2}$$

Das $2s$-fache Integral im Zähler ist über das Energie-Intervall E bis $E + dE$ zu bilden, das Zustandsintegral im Nenner von $E = 0$ bis $E = \infty$. Der Ausdruck (2) gibt den Bruchteil aller N Moleküle an, die sich in dem bestimmten Energieintervall befinden. Nach Ausführung der Integrationen entsteht[1])

$$\frac{dN_E}{N} = \frac{1}{(s-1)!} \left(\frac{E}{RT}\right)^{s-1} \cdot e^{-\frac{E}{RT}} \cdot \frac{dE}{RT}. \tag{3}$$

Diesen Ausdruck integrieren wir noch einmal von der Aktivierungsenergie E_0 bis ∞, um die Wahrscheinlichkeit W_s^* dafür zu erhalten, daß ein Molekül eine totale Schwingungsenergie $E > E_0$ besitzt. Für $E_0/RT \gg 1$ entsteht dann

$$W_s^* = \frac{1}{(s-1)!} \left(\frac{E_0}{RT}\right)^{s-1} \cdot e^{-\frac{E_0}{RT}}. \tag{4}$$

Zur Desaktivierung soll nun ein angeregtes Molekül während seiner Lebensdauer τ eine Anzahl z von Stößen vollführen müssen, da die Desaktivierung nicht bei jedem Stoß völlig gelingt. Dann ist die Anzahl der Desaktivierungsprozesse pro sec gegeben durch

$$-\frac{dn^*}{dt} = \frac{1}{z\tau} \frac{n}{(s-1)!} \left(\frac{E_0}{RT}\right)^{s-1} \cdot e^{-\frac{E_0}{RT}}, \tag{5}$$

und wenn wir bei hohen Drucken Gleichgewicht mit der Aktivierung annehmen können, stellt (5) auch die Reaktionsgeschwindigkeit des „aktivierenden" Prozesses (I) dar.

Wenn wir nun die Verhältnisse bei demjenigen Druck betrachten, wo der Geschwindigkeitskoeffizient gerade auf den Wert $k_1/2$ abgesunken ist, dann erhalten wir für den Frequenzfaktor der monomolekularen Zerfallsreaktion (II)

$$\nu = \frac{1}{2z \cdot \tau_{1/2}} \cdot \frac{1}{(s-1)!} \left(\frac{E_0}{RT}\right)^{s-1}, \tag{6}$$

---

[1]) s. z. B. R. Courant, Differential-Integralrechnung 2. Bd. IV. Kapitel Anhang, A. Eucken, Lehrbuch d. chem. Physik II, 1 §§ 23 u. 81. Die Integration von (2) kann in dieser Form nur ausgeführt werden, wenn zwischen E und den Koordinaten q und p eine quadratische Beziehung besteht $E \sim \frac{e^2}{\alpha^2} + \frac{p^2}{\beta^2}$. Daher rührt die Beschränkung auf den harmonischen Oszillator.

der früher einfacher definiert war durch (III_9 15)

$$-\frac{dn^*}{dt} = \nu e^{-\frac{E_0}{RT}}.$$

Zu (4) ist noch eine grundsätzliche Ausführung notwendig im Hinblick auf Moleküle mit mehr als zwei Atomen. Wir hatten einfach von s angeregten Schwingungen gesprochen. Deren Anzahl kann $s \leqq s_0$ der Zahl s_0 der insgesamt vorhandenen Normalschwingungen sein, da wir unter s nur die Anzahl der in die Reaktionskinetik eingehenden Schwingungen verstanden haben. Wenn $s < s_0$ angesetzt wird, dann muß verlangt werden, daß unter den s auch diejenige Schwingung ν_r enthalten ist, die zur Reaktion führt, falls sie den Energiebetrag E_0 erreicht. Es existiert nun für $s < s_0$ eine Reihe von Kombinationen, bei denen $s - 1$ bestimmte Schwingungen zusammen mit ν_r die Gruppe s bilden. Die Anzahl dieser Kombinationsmöglichkeiten ist gegeben durch

$$f_s = \frac{(s_0 - 1)!}{(s-1)!\,(s_0 - s)!}; \tag{7}$$

mit diesem Faktor ist W_s^* noch zu multiplizieren, da der Ausdruck (4) nur für jeden einzelnen Fall der Mannigfaltigkeit f_s gilt.

15. Die Energiekette

Das allgemeine Bildschema (vgl. S. 24) sagt über die Natur der „aktiven Zwischenkörper" nichts aus. Wir können uns unter den Körpern A, B usf. ebensogut reaktionsfähige Atome oder Atomgruppen (z. B. Radikale) vorstellen als auch besonders angeregte Teilchen. Wenn die Aktivität des Teilchens nicht durch seine chemischen Eigenschaften bedingt ist, sondern durch einen besonders hohen Energiegehalt verursacht wird, — das Teilchen kann z. B. die bei der Reaktion freiwerdende Wärme als kinetische Energie ganz oder teilweise besitzen — so spricht man von einer „Energiekette", zum Unterschied von der Stoffkette. Bei letzterer ist der „Kettenträger" ein bestimmtes chemisches Individuum, etwa ein H-Atom oder wie beim Uranzerfall — ein Neutron. Oft spielt jedoch auch die mitgegebene Energie eine Rolle und man hat in vielen praktischen Fällen eine Kombination von Energie- und Stoffkette vor sich. Die Möglichkeit einer Energiekette wurde schon 1923 von CHRISTIANSEN und KRAMERS [3], später, 1928, ausführlich von SEMENOFF [4] diskutiert, dessen Behandlung des Problems im Nachfolgenden wiedergegeben sei.

Wir betrachten hierzu ein abgeschlossenes Volumen. Im thermischen Gleichgewicht ist die Zahl (n_G^*) der Moleküle, die eine Energie $> E$ haben, durch die MAXWELL-BOLTZMANNsche Energieverteilung gegeben. Bei langsam verlaufenden Reaktionen kann man annehmen, daß dieses „thermische Gleichgewicht" stets eingestellt ist und daher

$$n_G^* \sim e^{-E/kT}$$

setzen.

Bei schnellen Reaktionen muß man jedoch den Verbrauch der energiereichen Teilchen durch die Reaktion berücksichtigen. Wir haben also zwei Wege, auf denen die aktiven Teilchen verschwinden:

1. den der normalen Dissipation der Wärme im nichtreagierenden Gas,

2. die Abreaktion der aktiven Teilchen. Nennen wir die Konzentration der letzteren n^*, so können wir schreiben:

$$-\frac{dn^*}{dt} = kn^* = k_1 n^* + k_2 n^* \tag{1}$$

wobei k_1 und k_2 die Geschwindigkeitskonstanten für die oben unter 1. und 2. beschriebenen Vorgänge sind. Da (vgl. S. 10) für die Geschwindigkeitskonstante der reziproke Wert der mittleren Lebensdauer gesetzt werden kann, können wir (1) folgendermaßen umformen:

$$\frac{n^*}{\bar{t}} = n^* \left(\frac{1}{\Delta\Theta} + \frac{1}{\Delta\tau}\right) \tag{2}$$

wobei $\bar{t}$ die mittlere Lebensdauer des aktiven Teilchens bedeutet, entsprechend $\Delta\Theta$ die Zeit, die die Energie auf einem Teilchen verweilt, wenn keine Reaktion stattfindet, und $\Delta\tau$ die Zeit zwischen dem Entstehen des aktiven Teilchens und der Reaktion.

Die Geschwindigkeit der Reaktion ist nun gleich der Geschwindigkeit des durch die Reaktion bedingten Verbrauchs der aktiven Teilchen. Wir können dafür setzen:

$$v = \frac{n^*}{\Delta\tau} \tag{3}$$

Haben wir eine Kettenreaktion vor uns (Bildschema 2, S. 26), so müssen wir zusätzlich noch berücksichtigen, daß durch die Reaktion aktive Teilchen erzeugt werden können, die durch Speicherung von Reaktionswärme eine Energie $> E$ besitzen. Wenn in einem Kettenablauf ε solcher Teilchen erzeugt werden, so ist die Geschwindigkeit der Bildung aktiver Moleküle durch die Reaktion

$$v \cdot \varepsilon = \frac{n^* \varepsilon}{\Delta\tau} \tag{3a}$$

und die Gesamtgeschwindigkeit der Bildung aktiver Moleküle setzt sich aus der Geschwindigkeit v^* der thermisch gebildeten und der Geschwindigkeit der durch Reaktion gebildeten zusammen, vermindert um die Geschwindigkeit des Verlustes dieser Teilchen durch Reaktion oder Energieübertragung beim Stoß:

$$\frac{dn^*}{dt} = v^* + \frac{n^*\varepsilon}{\Delta\tau} - n^* \left(\frac{1}{\Delta\tau} + \frac{1}{\Delta\Theta}\right) = v^* - \frac{n^*}{\Delta\tau}\left(1 - \varepsilon + \frac{\Delta\tau}{\Delta\Theta}\right) \tag{4}$$

Die Konzentration n_G^* der aktiven Teilchen im Wärmegleichgewicht erhält man aus (4), wenn man $\Delta\tau$ gegen ∞ und ε gegen 0 gehen läßt (keine Reaktion) und $dn^*/dt = 0$ setzt:

$$n_G^* = v^* \cdot \Delta\Theta \tag{4a}$$

(4) hat für $t \to \infty$ nur dann eine stationäre Lösung, wenn

$$1 - \varepsilon + \frac{\Delta\tau}{\Delta\Theta} > 0 \tag{4b}$$

bzw.

$$\varepsilon < 1 + \frac{\Delta\tau}{\Delta\Theta} \tag{4c}$$

Für $dn^*/dt = 0$ erhält man aus (4) und (4a):

$$n^* = \frac{n_G^*}{1 + \frac{\Delta\Theta}{\Delta\tau}(1 - \varepsilon)} \tag{5}$$

Für $\varepsilon < 1$ ist dann auch $n^* < n_G^*$, d. h. die Zahl der aktiven Teilchen ist kleiner als die Zahl der Teilchen, die im Gleichgewicht vorhanden sind. Ist jedoch $\varepsilon > 1$, so ist auch $n^* > n_G^*$ und wir haben mehr aktive Teilchen im Reaktionsgemisch, als es dem thermischen Gleichgewicht entspricht. Diese Abweichung kann sogar sehr groß sein, wenn

$$\varepsilon \approx 1 + \frac{\Delta\tau}{\Delta\Theta} \tag{5a}$$

Berechnet man nun entsprechend (3), (5) und (4a) die Geschwindigkeit der Reaktion, so ergibt sich diese zu:

$$v = \frac{n_0^*}{\Delta\tau\left[1 + \frac{\Delta\Theta}{\Delta\tau}(1-\varepsilon)\right]} = \frac{\dfrac{v^*}{1 + \dfrac{\Delta\tau}{\Delta\Theta}}}{1 - \dfrac{\varepsilon}{1 + \dfrac{\Delta\tau}{\Delta\Theta}}} \tag{6}$$

Der Ausdruck im Zähler auf der rechten Seite von (6) ist gleich der Anzahl aktiver Teilchen (v_0^*), die pro Zeiteinheit durch Reaktion verschwinden bzw. gleich der Zahl der pro Zeiteinheit gestarteten Primärreaktionen. Setzen wir:

$$\frac{v^*}{1 + \dfrac{\Delta\tau}{\Delta\Theta}} = \frac{v^* k_1}{k_1 + k_2} = v_0^* \tag{7}$$

und

$$\frac{\varepsilon}{1 + \dfrac{\Delta\tau}{\Delta\Theta}} = \alpha \tag{7a}$$

so vereinfacht sich der Ausdruck (6) zu

$$v = \frac{v_0^*}{1-\alpha} \tag{8}$$

d. h. die Geschwindigkeit v ist um einen Faktor

$$\nu = \frac{1}{1-\alpha} \tag{8a}$$

größer als v_0^*. Die Reaktion muß also ν mal wiederholt werden und der Faktor ν ist gleichbedeutend mit der sogenannten „Kettenlänge".

Die Gleichung (8a) entspricht dem Ausdruck II_7 (2) für die Atomkette, aus dem wir das Explosionskriterium abgeleitet haben. Wenn $\alpha \geqq 1$, entartet die Reaktion zur Explosion. Bei $\alpha < 1$ kann die Reaktion — etwa durch Abkühlung — jederzeit gestoppt werden, bei $\alpha > 1$ läuft sie jedoch auch dann weiter, wenn die Bildung primärer Teilchen unterdrückt wird.

Für $\alpha = 1$ wird die Kettenlänge unendlich. Da eine „negative Kettenlänge", wie sie für $\alpha > 1$ resultiert, physikalisch nicht sinnvoll ist, sei dieser Fall nicht an der Formel für die Kettenlänge, sondern an derjenigen für die Geschwindigkeit (4) dargetan, die wir dazu etwas umformen müssen. Durch Multiplizieren mit $\Delta\tau$ und Dividieren durch $(1 + \Delta\tau/\Delta\Theta)$ erhält man unter Berücksichtigung von (7) und (7a)

$$\frac{\Delta\tau}{1 + \dfrac{\Delta\tau}{\Delta\Theta}} \frac{dn^*}{dt} = \frac{v^* \Delta\tau}{1 + \dfrac{\Delta\tau}{\Delta\Theta}} - n^*(1-\alpha) = v_0^* \Delta\tau - n^*(1-\alpha) \tag{9}$$

Nehmen wir an, daß $\Delta\tau$, $\Delta\Theta$ und α während des Verlaufs der Reaktion konstant bleiben, und daß, nachdem die Kette in Gang gebracht ist, keine Primärreaktion mehr stattfindet ($v_0^* = 0$), so erhalten wir für $\alpha > 1$

$$dn^*/dt = k \cdot n^*, \text{ bzw. } n^* = \text{const. } e^{kt}, \tag{10}$$

d. h. einen exponentiellen Anstieg der aktiven Teilchen mit der Zeit. Ist $\Delta\tau \ll \Delta\Theta$, so wird $k = \alpha/\Delta\tau$, d. h., es steigt — wie dies auch aus der unmittelbaren Vorstellung des Kettenschemas zu erwarten ist — die Geschwindigkeit der Reaktion um so schneller an, je mehr Verzweigungen die Kette aufweist und je schneller die aktiven Teilchen reagieren. Durch eine bei der Reaktion auftretende und nicht sofort abgeführte Wärme werden beide Faktoren noch vergrößert. Die Reaktionsgeschwindigkeit geht schließlich gegen ∞: Die Reaktion entartet zur Explosion.

Anders für $\alpha < 1$. Unter sonst gleichen Voraussetzungen wie oben, erhalten wir:

$$n^* = \text{const.}\; e^{-kt} \tag{11}$$

also eine mit der Zeit abnehmende Konzentration der aktiven Teilchen.

Für $\alpha = 1$ wird $dn^*/dt = 0$, d. h., die Konzentration der aktiven Teilchen bleibt stationär.

Literaturhinweise

1. Eucken, A., Chem. Phys., Bd. II/1. Akad. Verlagsgesellschaft, Leipzig 1943.
2. Herzfeld, K. F., „Thermodynamics and Physics of Matter" Princeton University Press, Princeton New Jersey, 1950 u. 1960.
3. Christiansen, J. A. und Kramers, H. A., Z. Phys. Chem. **104** (1923) 451.
4. Semenoff, N. N., Chemical Kinetics and Chain Reactions, Clarendon Press, Oxford, 1935.
5. Jost, W., Diffussion in Solids, Liquids and Gases, Acad. Press Inc., Publ. New York, 1952.
6. Jost, W., Explosions- und Verbrennungsvorgänge in Gasen, Verlag Springer, Berlin, 1939.

IV. Experimenteller Teil

1. Die Reaktion zwischen einem Atom und einem Molekül

Beispiel: Umwandlung von Parawasserstoff durch H-Atome

a) Allgemeines

Eine Reaktion vom Typus

$$A + B_2 \rightarrow AB + B \tag{1}$$

tritt als Reaktionsschritt bei Folgereaktionen sehr häufig auf. Die Reaktionsgleichung wird völlig symmetrisch, wenn $A = B$

$$A + A_2 \rightarrow A_2 + A. \tag{2}$$

Setzen wir für A das Wasserstoffatom ein

$$\mathrm{H} + \mathrm{H}_2 \rightarrow \mathrm{H}_2 + \mathrm{H} \tag{3}$$

so können wir (3) als die einfachste Reaktion zwischen einem Atom und einem Molekül ansehen, da hier jeder Partner seiner Struktur nach der einfachste Vertreter seiner Gattung ist. Um die Geschwindigkeit einer nach (2) verlaufenden Reaktion messend verfolgen zu können, muß man das Molekül A_2 *vor* der Reaktion vom Molekül A_2 *nach* der Reaktion unterscheiden können, d. h., es muß die Möglichkeit gegeben sein, A oder A_2 zu „markieren". Dies läßt sich durch Verwendung von Isotopen leicht bewerkstelligen. Beim Wasserstoff ist aber der Unterschied zwischen den Massen der einzelnen Isotopen ($m_{\mathrm{H}} : m_{\mathrm{D}} : m_{Tr} = 1 : 2 : 3$) relativ so groß, daß bereits erhebliche Unterschiede in den thermischen Daten, z. B. in den Dissoziations- und Nullpunktsenergien der einzelnen Isotopen auftreten, was deutliche Unterschiede in den Reaktionsgeschwindigkeiten der verschiedenen Wasserstoffisotopen verursacht.

Durch die Entdeckung der beiden Spinmodifikationen des Wasserstoffs und die Möglichkeit ihrer Reindarstellung wurde der Forschung ein besonders wertvolles Hilfsmittel für das Studium der Wasserstoffreaktionen an die Hand gegeben. Im Para- ($p\mathrm{H}_2$) und Orthowasserstoff ($o\mathrm{H}_2$) besitzen wir zwei chemisch praktisch identische Wasserstoffarten, die sich bei gewöhnlicher Temperatur im Gasraum nur sehr langsam zum Gleichgewichtswasserstoff ($n\mathrm{H}_2$) umsetzen. Durch Zusatz von H-Atomen läßt sich diese Umsetzung jedoch sehr beschleunigen. Da sich $p\mathrm{H}_2$ und $n\mathrm{H}_2$ in leicht zu messenden physikalischen Eigenschaften, z. B. in ihrer Wärmeleitfähigkeit bei $T < 200^0\,K$, unterscheiden, kann man die Reaktion

$$\mathrm{H} + p\mathrm{H}_2 \longrightarrow n\mathrm{H}_2 + \mathrm{H} \tag{4}$$

leicht in ihrem zeitlichen Ablauf verfolgen.

Die Darstellung von reinem (99,7%igem) Parawasserstoff gelang BONHOEFFER und HARTECK im Jahre 1929 durch Adsorption von Wasserstoff an Kohle bei der Temperatur des flüssigen Wasserstoffs. Bei hohen Temperaturen besteht der Gleichgewichtswasserstoff aus einem Gemisch von 75% oH_2 und 25% pH_2. Seit es möglich geworden ist, auf gaschromatographischem Wege Ortho- und Parawasserstoff völlig zu trennen [8], kann man das Gleichgewicht auch von der anderen Seite her erreichen, nämlich auf dem Wege über die Reaktion:

$$H + oH_2 \longrightarrow nH_2 + H \quad (5)$$

Schon BONHOEFFER und HARTECK [1] fanden bei Erhitzung von Parawasserstoff in Quarzröhren bei Temperaturen von 750 und 1100° C eine homogene Umwandlung in normalen Wasserstoff, die sie entsprechend Formel (4) formulierten. SENFTLEBEN [9] konnte zeigen, daß H-Atome, die durch Stöße zweiter Art mit angeregten Quecksilberatomen erzeugt wurden, ein parawasserstoffreiches Gemisch in wenigen Minuten in normalen Wasserstoff verwandeln. Ebenso stellt sich in einer elektrischen Entladung sehr rasch das Gleichgewicht zwischen Ortho- und Parawasserstoff ein.

Es muß jedoch bemerkt werden, daß es zwei grundsätzlich verschiedene Mechanismen gibt, nach denen die Umwandlung der beiden Wasserstoffarten verlaufen kann. Neben der in (3) und (4) formulierten echten chemischen Reaktion gibt es noch eine „physikalische Reaktion", nämlich die Umwandlung durch magnetische Wechselwirkung. Hierbei wird beim Zusammenstoß mit einem paramagnetischen Molekül der Kernspin eines der beiden Wasserstoffatome im H_2-Molekül „umgeklappt", so daß dadurch die andere Spinmodifikation entsteht, ohne daß die chemische Bindung des H_2-Moleküls dabei gelöst wird. Als paramagnetischer Katalysator kann hier z. B. der im Gemisch schon vorhandene Orthowasserstoff wirken.

EUCKEN und HILLER [2] fanden bei Drucken über hundert Atmosphären Halbwertszeiten von 20 bis 100 Tagen. Wertet man die Messungen nach 2. Ordnung (nach dem Orthowasserstoff) aus, so erhält man eine Geschwindigkeitskonstante von $1 \cdot 10^4$ [(mol/liter)$^{-1} \cdot$ Tage^{-1}]. Berechnet man mit dieser Geschwindigkeitskonstante die Zeit, in der ein 99,7%iger Parawasserstoff seinen Orthogehalt um 0,1% erhöht, so ergeben sich 10^5 Tage. Bei einem 50%igen Gemisch würde dieselbe absolute Änderung allerdings bereits in 20 Tagen erreicht werden.

Die Umwandlungsgeschwindigkeit ist dem Quadrat des magnetischen Momentes des Katalysators proportional. Stoffe mit höheren magnetischen Momenten, z. B. Sauerstoff, wandeln daher entsprechend schneller um. Die Möglichkeit der paramagnetischen Umwandlung muß jedenfalls bei Auswertung von kinetischen Messungen mit Parawasserstoff in Betracht gezogen werden und für die Bestimmung der Größe der chemischen Umwandlung rechnerisch oder experimentell eliminiert werden.

In **Tabelle IV, 1** sind einige wichtige Unterschiede zwischen den Spinmodifikationen des Wasserstoffs aufgeführt.

Tab. IV, 1. Unterschiede zwischen den Spinmodifikationen des Wasserstoffs

	Orthowasserstoff	Parawasserstoff
Spinfunktion der Kerne	symmetrisch	antisymmetrisch
Kernspin	parallel ↓↓	antiparallel ↓↑
Rotationsquantanzahl	ungerade 1, 3, 5, ...	gerade 0, 2, 4, ...
Statistisches Gewicht	3	1
Gleichgewichtskonzentration bei $T \to 0$	0 %	100 %
Gleichgewichtskonzentration bei hoher Temperatur ($T > 290^0 K$) „normaler Wasserstoff"	75 %	25 %

b) Messungen bei hoher Temperatur

Die chemische Umwandlung des Parawasserstoffes bei hohen Temperaturen wurde von A. FARKAS [3] untersucht. Als Reaktionsgefäß diente ein Quarzkolben von etwa 1 Liter Inhalt, der mit Hilfe eines elektrischen Ofens auf Temperaturen zwischen 550 und 1000° C gebracht werden konnte. Das Zeitgesetz ließ sich durch die Formel

$$u_t = u_0 \cdot e^{-kt} \tag{6}$$

darstellen, wobei u_t und u_0 die Überschußkonzentrationen (Parawasserstoffkonzentration minus Gleichgewichtskonzentration) zur Zeit t und zur Zeit null bedeuten. **Abbildung IV, 1** zeigt die Auftragung des log u_t gegen t für verschiedene Drucke bei

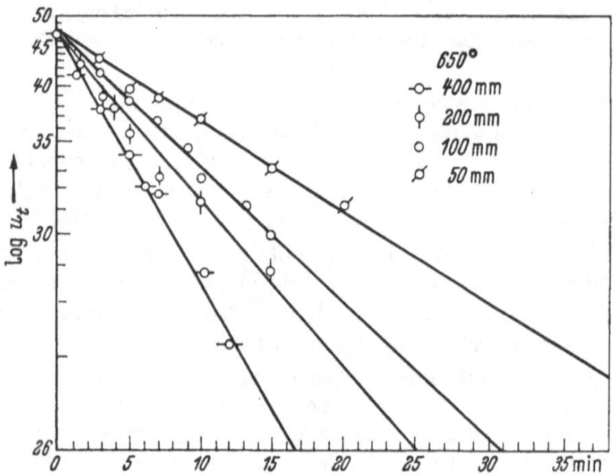

Abb. IV, 1. Verlauf der p-Wasserstoff-Umwandlung bei 650° und verschiedenen Gasdrucken. Ausgangsmischung: 48%iger p-Wasserstoff. μ_t = % (p-Wasserstoff zur Zeit t) — 25%.

65° C. Verliefe die Reaktion nach 1. Ordnung, so wäre k in (6) nicht vom Gesamtdruck P abhängig, d. h. es müßte sämtliche Meßpunkte in der **Abbildung IV, 1** auf einer Geraden liegen. k ändert sich jedoch mit der Wurzel aus dem Gesamtdruck;

$$k = k' \cdot P^{1/2} \tag{7}$$

Hieraus ergibt sich die Ordnung der Reaktion als $n = 3/2$.

Diese Ordnung ist zu erwarten, wenn die Reaktion nach (4) verläuft, da $[pH_2]$ dem Druck und [H] im thermischen Gleichgewicht der Wurzel aus dem Druck proportional ist. Es tritt aber auch eine Parawasserstoffbildung nach (5) auf und man erhält daher die Brutto-Geschwindigkeitsgleichung

$$-d[pH_2]/dt = k_1[H]\,p[H_2] - k_2[H]\,(1-p)\,[H_2] \tag{8}$$

wobei p der Anteil des Gemisches an Parawasserstoff ist.

Die Integration ergibt, (wenn man mit p_t den Parawasserstoffanteil zur Zeit t bezeichnet):

$$\left(p_t - \frac{k_2}{k_1 + k_2}\right) = \left(p_0 - \frac{k_2}{k_1 + k_2}\right) e^{-(k_1 + k_2)[H]t} \tag{9}$$

Da $k_1 : k_2$ das Verhältnis der ortho- zur para-Konzentration im Gleichgewicht angibt, ist

$$\frac{k_2}{k_1 + k_2} = p_\infty \tag{10}$$

Da $p_t - p_\infty \sim u_t$ und $p_0 - p_\infty \sim u_0$ ist, wird der Ausdruck (9) mit (6) identisch, wenn man $(k_1 + k_2) \cdot [H] = k$ setzt. Die in der e-Potenz auftretende Konstante ist also die Summe der Geschwindigkeitskonstanten der Reaktionen $p \rightarrow o$ und $o \rightarrow p$. Die Konzentration [H] läßt sich aus dem Dissoziationsgleichgewicht

$$[H_2] \rightleftharpoons 2\,[H] - 102{,}5 \text{ kcal} \tag{11}$$

bzw. aus der Dissoziationskonstanten

$$K_c = [H]^2/[H_2] \tag{12}$$

berechnen.

Es ist nach (10), (12) und (7)

$$k = (k_1 + k_2)\sqrt{[H_2]K_c} = k^* \sqrt{[H_2]} \tag{13}$$

Hieraus folgt

$$k_1 + k_2 = k^* / \sqrt{K_c} \tag{14}$$

Tab. IV, 2. Reaktionsgeschwindigkeitskonstanten, Stoßausbeuten und sterischer Faktor der thermischen Reaktion: $H + pH_2 \underset{2}{\overset{1}{\rightleftharpoons}} oH_2 + H$ [5]

T	$k^* = k/\sqrt{[H_2]}$	$\log K_c$	$k_1 + k_2 = k^*/\sqrt{K_c}$	$Z_{k_1+k_2}$ = Stoßausbeute	α = sterischer Faktor ($q = 5500$ cal)	Beobachter
873	0,0083	—22,43	$1{,}37 \cdot 10^9$	0,00287	0,068	
973	0,263	—19,75	$2{,}00 \cdot 10^9$	0,00400	0,070	A. Farkas
1023	1,188	—18,61	$2{,}39 \cdot 10^9$	0,00463	0,068	
930	—	—	$1{,}71 \cdot 10^9$	0,00300	0,069	A. Farkas u. L. Farkas

In **Tabelle IV, 2** sind die bei verschiedenen Temperaturen von A. Farkas gemessenen Geschwindigkeitskonstanten aufgeführt sowie der Logarithmus der statistisch berechneten Gleichgewichtskonstanten ($\log K_c$) und die aus diesen Daten berechneten Werte für $k_1 + k_2$ (z. T. korrigiert nach L. Farkas) angegeben. Die 5. Spalte enthält Stoßausbeuten und die 6. Spalte den mit dem Wert $q = 5{,}5$ kcal berechneten sterischen Faktor. Die aus der ersten Spalte der Tabelle ersichtliche starke Temperaturabhängigkeit der Reaktion ist in der Hauptsache durch die Vermehrung der H-Atome mit wachsender Temperatur bedingt.

c) Messungen bei niedrigen Temperaturen

Die Einwirkung von nicht thermisch erzeugten H-Atomen auf Parawasserstoff haben Geib und Harteck [4] bei den Temperaturen 10, 57 und 100° C bei einem Druck von 0,5 Torr untersucht.

Die Herstellung der H-Atome erfolgte in einer Entladungsröhre. In den aus der Entladungsröhre austretenden Wasserstoffstrom wurde Parawasserstoff eingeleitet. Nach Durchströmen des Reaktionsraumes und einer Falle mit flüssiger Luft wurde die Konzentration des Parawasserstoffs durch Messung der Wärmeleitfähigkeit bestimmt. Die Messungen wurden zunächst in der Weise ausgewertet, daß man für t die aus der Strömungsgeschwindigkeit bekannte Verweilzeit einsetzte. Man erhielt dann in guter Übereinstimmung mit den Messungen von A. Farkas Aktivierungswärmen von $q = 5{,}2$ kcal, aber einen stark abweichenden sterischen Faktor.

Bei dieser Berechnungsweise wurde jedoch nicht berücksichtigt, daß sich das Gas, das bekanntlich einen sehr großen Diffusionskoeffizienten besitzt, dauernd durchmischt und daß sich daher die einzelnen Moleküle (bzw. Atome) verschieden lange Zeiten im Reaktionsraum befinden.

Unter Berücksichtigung der bei den Versuchen wahrscheinlich vorhandenen Diffusionsverhältnissen berechnete GEIB den für die Aktivierungswärme wahrscheinlichsten Wert zu

$$q = 6{,}7 \pm 0{,}3 \text{ kcal/Mol}$$

Der sterische Faktor ergibt sich dann in Übereinstimmung mit den Messungen von L. FARKAS zu $\alpha = 0{,}06$.

Die Aktivierungsenergie ist also bei den Messungen bei tiefen Temperaturen deutlich (mindestens 0,4 kcal) höher als bei den hohen Temperaturen. Dieser Unterschied muß als reell angesehen werden. Eine von KLEINPAUL durchgeführte Reduktion auf $T = 0$ ergab für beide Meßreihen übereinstimmend 7,4 kcal (vgl. Tab. III_5, S. 79).

d) Nachweis von freien H-Atomen und Bestimmung der Geschwindigkeit von Gasreaktionen mit atomarem Wasserstoff

Die Kenntnis der genauen kinetischen Daten der über H-Atome verlaufenden Parawasserstoffumwandlung hat sich für die Lösung reaktionskinetischer Probleme und für die Bestimmung von Geschwindigkeitskonstanten als sehr nützlich erwiesen. In einem Reaktionsgemisch, in dem H-Atome auftreten, müssen bei Gegenwart von molekularem Wasserstoff auch die Reaktionen (4) und (5) ablaufen. Setzt man dem Reaktionsgemisch Wasserstoff in Form von Parawasserstoff zu und findet man dann eine Umwandlung in der Richtung $pH_2 \rightarrow oH_2$, so kann man auf das Vorhandensein von Wasserstoffatomen schließen. Derartige Anwendungen werden wir in späteren Kapiteln bei der Besprechung der Chlorknallgasreaktion (S. 99) und des monomolekularen Zerfalls organischer Moleküle (S. 111) kennen lernen.

Eine allgemeine Methode zur Bestimmung der Geschwindigkeiten von Gasreaktionen, an denen atomarer Wasserstoff beteilig ist, wurde von CREMER, CURRY und POLANYI angegeben. Sie beruht auf dem Vergleich der Geschwindigkeiten der Reaktion $H + H_2$ mit einer Reaktion unbekannter Geschwindigkeit $H + A$.

In **Abbildung IV, 2** ist eine schematische Skizze des wesentlichen Teiles der Apparatur gezeigt. In einem Entladungsrohr werden H-Atome erzeugt, die durch eine mit Phosphorsäure ausgekleidete Kapillare in einen Wasserdampfstrom eintreten und von diesem dann durch eine Düse in den Reaktionsraum befördert werden, in dem sich ein durch H-Atome angreifbares Gas (A) befindet. Das Reaktionsgefäß kann durch einen Heizmantel, in dem Quecksilber bei Drucken $\leqq 1$ atm siedet, auf Temperaturen bis zu 360° geheizt werden. Eine abgemessene Menge Parawasserstoff wird gleichzeitig im Kreislauf durch das Reaktionsgefäß gepumpt. Die Strömungsgeschwindigkeiten müssen durch die Manometer (M_1 bis M_5) kontrolliert und durch Regulieren fein einstellbarer Ventile (V_1 bis V_5) konstant gehalten werden.

Die Konzentration $[A]$ des mit H reagierenden Gases wird so groß gewählt, daß sie ausreicht, alle H-Atome, die in den Reaktionsraum eintreten (n Moleküle/sec), zu verzehren. In jedem Raumelement dv ist dann

$$dn = k[A]\,[\mathrm{H}]\,dv \qquad (15)$$

Aus dieser Gleichung erhält man durch Integration

$$n = k[A]N \qquad (15a)$$

wobei N die Gesamtzahl aller H-Atome bedeutet, die im stationären Zustand im Reaktionsraum vorhanden sind. Diese läßt sich durch Messung der Umwandlung des zugesetzten Parawasserstoffs bestimmen. Es ist:

$$-d[pH_2]/dt = k'[pH_2][H] \quad (16)$$

wobei k' die von GEIB und HARTECK bestimmte Geschwindigkeitskonstante ist. Diese Gleichung ergibt nach Multiplikation mit dv und Integration über den ganzen Raum in dem die H-Atome verteilt sind

$$dP/dt = k'[pH_2]N \quad (16a)$$

wobei P die im gesamten Raum befindliche Parawasserstoffmenge bedeutet.

Bezeichnet man mit s die Menge des aus dem Entladungsrohr pro Zeiteinheit zuströmenden normalen Wasserstoffs und führt für die zur Zeit $t = 0$ vorhandenen Mengen bzw. Konzentrationen den Index 0 ein, so ist

$$[pH_2]/[pH_2]_0 = P/(P_0 + s \cdot t) \quad (17)$$

Durch Einsetzen in (16a) und Integrieren erhält man

$$\ln P_0/P = \frac{k'N[pH_2]_0}{s} \ln\left(1 + \frac{s \cdot t}{P_0}\right) \quad (18)$$

Aus dieser Gleichung erhält man N und kann somit k nach (15a) ermitteln.

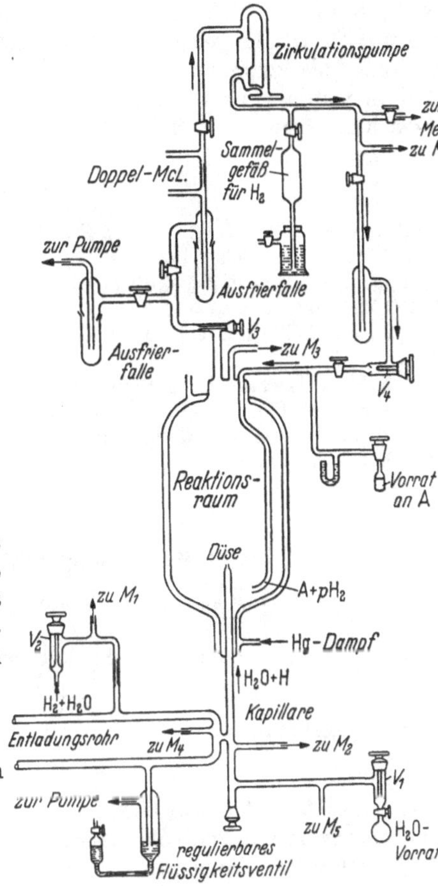

Abb. IV, 2. Schema der Apparatur zur Bestimmung der Reaktion von H-Atomen mit einer organischen Substanz A nach CREMER, CURRY und POLANYI [2]. V_{1-4} = Ventile, M_{1-6} = Manometer.

Die Aktivierungswärme (q) wurde dann nach II_5 (1) unter Annahme eines aus der einfachen Stoßtheorie sich ergebenden A-Faktors berechnet nach der Gleichung:

$$k = 10^{14} \cdot e^{-q/RT} \quad (19)$$

Da Druck, Temperatur und Gefäßdimensionen nicht beliebig variiert werden können, kann nur ein gewisses Intervall von Reaktionsgeschwindigkeiten erfaßt werden. Bei Drucken von 0,01 mm bis 0,15 mm, einer Temperatur von 190° C und einem Abstand zwischen Düse und Wand (s. Abb. IV, 2) von rund 6 cm wären Reaktionen mit einer Aktivierungswärme $q < 2800$ cal „zu schnell" und solche mit $q > 7400$ cal „zu langsam", um mit der Methode gemessen zu werden. Eine Erweiterung des Meßbereiches auf Aktivierungswärmen zwischen 0 und 10000 cal kann mit einfachen Mitteln erreicht werden. Es ist also prinzipiell möglich, mit der Methode auch Reaktionen zu erfassen, die bei jedem Stoß verlaufen.

Mit der Methode wurden die Reaktionen der Wasserstoffatome mit einer Reihe von Halogenalkylen untersucht. Es ergaben sich erhebliche Unterschiede, je nachdem ob Chlor, Brom oder Jod als Substituent verwendet wurde. Für die Reaktion eines H-Atoms mit CH_3Cl war z. B. die Aktivierungsenergie $> 7,2$ kcal, für die Reaktion mit CH_3Br hingegen $< 3,2$ kcal. Die Erhöhung der Zahl der Substituenten führte ebenfalls zu einem Absinken der Aktivierungsenergie. Auch die Reaktion $H + HBr$ wurde geprüft und im Einklang mit anderweitigen Erfahrungen ihre Aktivierungswärme als < 3 kcal festgestellt.

Literaturhinweise

1. Bonhoeffer, K.-F. u. Harteck, P., Z. Phys. Chem. B. **4** (1929), 113.
2. Eucken, A. u. Hiller, K., Z. Phys. Chem. B. **4** (1929) 142.
3. Farkas, A., Z. Phys. Chem. B. **10** (1930), 419.
4. Geib, K. H. u. Harteck, P., Z. Phys. Chem., Bodensteinband (1931), 849.
5. Farkas, L., Ergebn. d. exakt. Naturwiss. **12** (1933) 163.
6. Cremer, E., Curry, J. u. Polanyi, M., Z. Phys. Chem. B. **23** (1933), 445.
7. Cremer, E., „Homogene Ortho- und Parawasserstoffkatalyse", Handbuch der Katalyse, Springer 1941 Bd. I, S. 325.
8. Cremer, E., Z. analyt. Chemie **170** (1959), 219, sowie Cremer, E. u. Bachmann, L., unveröffentlicht.
9. Senftleben, H., Z. Phys. Chem. **B 4** (1929) 113.

2. Reaktion zwischen zwei Molekülen

Beispiel: Bildung und Zerfall von Jodwasserstoff

Wir wollen uns zunächst mit der klassischen Reaktion

$$H_2 + J_2 \rightarrow 2\,HJ \tag{1}$$

und ihrer Gegenreaktion

$$2\,HJ \rightarrow H_2 + J_2 \tag{2}$$

befassen. Diese Reaktion wurde bereits 1894 von Bodenstein [1] untersucht und zwar mit solcher Präzision, daß die Ergebnisse dieser Messungen als Standardwerte in alle Lehrbücher eingegangen sind. Es wurde bereits früher (S. 13) darauf hingewiesen, daß wir es hier mit einer unvollständig verlaufenden Reaktion zu tun haben, d. h., daß bei denjenigen Temperaturen, bei denen die Reaktion (1) gut meßbar verläuft, auch bereits die Gegenreaktion bemerkbar wird, daß also das Gleichgewicht

$$H_2 + J_2 \rightleftharpoons HJ + HJ$$

bei den Meßtemperaturen auf beiden Seiten deutlich von Null verschiedene Konzentrationen enthält.

Es war auch dieses Gleichgewicht, das die Forscher gegen Ende des vorigen Jahrhunderts in erster Linie interessierte. Die ersten Versuche stammen von Lamoine, der aber, ebenso wie zunächst Bodenstein, sehr unbefriedigende, stark streuende Resultate erhielt. Die Versuche beider Autoren wurden in Glasgefäßen ausgeführt, und Bodenstein konnte schließlich nachweisen, daß die unbefriedigenden Resultate auf eine Reaktion des Jodwasserstoffes mit der alkalischen Wand zurückzuführen waren. Es gelang ihm, diese Fehlerquelle auszuschalten: Er benützte Reaktionsgefäße (vgl. II, 3, S. 17) aus dem sauren Borosilikatglas, füllte sie mit Jodwasserstoffgas oder mit gasförmigem Jod und Wasserstoff in verschiedenen Verhältnissen und erhitzte die abgeschmolzenen Gefäße auf verschiedene Temperaturen zwischen 250 und 500° C.

Bodenstein verfolgte beide Reaktionen vom jeweiligen Ausgangszustand bis zum Gleichgewicht und konnte zeigen, daß sowohl die Bildung wie der Zerfall des Jodwasserstoffes als eine bimolekulare Reaktion vor sich geht, entsprechend den

Gleichungen:

$$\frac{d[HJ]}{dt} = \vec{k} \cdot [H_2][J_2] \quad (3)$$

$$-\frac{d[HJ]}{dt} = \overleftarrow{k} \cdot [HJ]^2. \quad (4)$$

Dies entsprach genau den Vorstellungen der kinetischen Gastheorie, wenn für das Zustandekommen der Bildungsreaktion ein Stoß zwischen H_2 und J_2 und für die Zerfallsreaktion ein Stoß zwischen zwei HJ-Molekülen notwendig war. Es muß als ein ausgesprochenes Forscherglück bezeichnet werden, daß gerade die erste von ihm in Angriff genommene kinetische Untersuchung einer Reaktion auf einen so einfachen und leicht verständlichen Mechanismus führte.

Die Auswertung der Geschwindigkeitskonstanten nach der ARRHENIUSschen Gleichung (vgl. **Abb. IV, 3**) ergab eine Aktivierungsenergie von 40 kcal in der Richtung der Jodwasserstoffbildung und von 44 kcal in der Richtung des Zerfalls. Die Differenz entsprach somit genau der gemessenen Wärmetönung der Reaktion. Auch quantitativ zeigte sich eine ausgezeichnete Übereinstimmung mit den Vorstellungen der kinetischen Gastheorie.

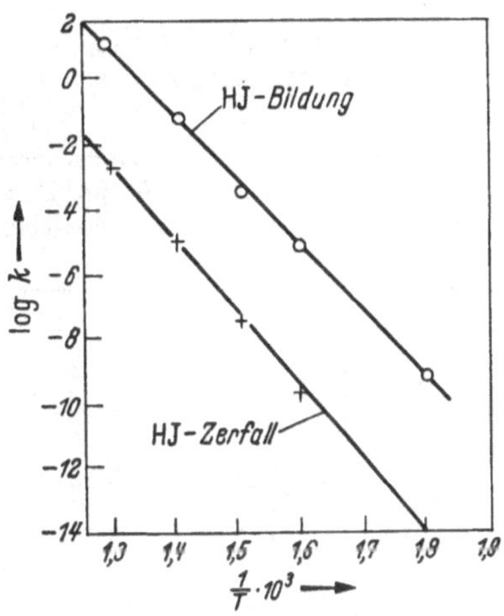

Abb. IV, 3. ARRHENIUS-Diagramm für die Bildung und den Zerfall von Jodwasserstoff nach BODENSTEIN [1]

Wenn man von reinem H_2 und J_2 bzw. von reinem HJ ausging und nur die Werte für geringe Umsätze, bei denen die Rückreaktion noch keine Rolle spielte, berücksichtigte, so mußten für die jeweils nach (3) und (4) berechneten k-Werte die A-Faktoren gleich den aus der kinetischen Gastheorie sich ergebenden Stoßzahlen sein (vgl. III_9, S. 63). Auch in diesem Punkte erfüllte die Reaktion die theoretische Erwartung, wie aus **Tabelle IV, 3** zu ersehen ist. Es trat sogar nicht einmal ein nennenswert von 1 verschiedener sterischer Faktor auf. Allerdings ist die Unsicherheit in der Abschätzung des gaskinetischen Stoßquerschnittes doch so groß, daß ein sterischer Faktor von 0,1 noch innerhalb der Fehlergrenze liegt.

Tab. IV, 3. Der Zerfall des Jodwasserstoffs bei verschiedenen Temperaturen (nach BODENSTEIN), wobei $k_{ber} = 2{,}05 \cdot 10^{12}\, T^{1/2}\, e^{-43{,}700/RT}$ ($sec^{-1}\, cm^3\, mol^{-1}$). Der Faktor vor der e-Potenz entspricht der theoretischen Stoßzahl unter der Annahme eines Moleküldurchmessers von 2,43 Å

$T^0 K$	$\log k_{exp}$	$\log k_{ber}$
781	1,597	1,523
716	0,398	0,393
700	0,063	0,084
683	— 0,291	— 0,262
666	— 0,659	— 0,624
647	— 1,066	— 1,052
629	— 1,520	— 1,481
575	— 2,915	— 2,926
556	— 3,454	— 3,501

Schließlich ließen sich auch die Gleichgewichtskonstanten in sehr guter Näherung aus den Quotienten der Geschwindigkeitskonstanten berechnen. Im Gleichgewicht muß die Geschwindigkeit der Hin- und Rückreaktion gleich sein und somit

$$\vec{k} \cdot [H_2] \cdot [J_2] = \overleftarrow{k} \cdot [HJ]^2 \tag{5}$$

bzw.

$$K = \frac{\overleftarrow{k}}{\vec{k}} = \frac{[H_2] \cdot [J_2]}{[HJ]^2} \tag{6}$$

Tabelle IV, 4 zeigt die Gegenüberstellung der kinetisch und statisch bestimmten Gleichgewichtskonstanten entsprechend (6).

Tab. IV, 4. Geschwindigkeitskonstanten $\vec{k}$ und $\overleftarrow{k}$ für Bildung und Zerfall von Jodwasserstoff, bezogen auf Minuten und Mol pro 22,4 Liter. Vergleich der hieraus berechneten Gleichgewichtskonstanten K_c mit der aus statischen Gleichgewichtsmessungen gefundenen für verschiedene Temperaturen

Temperatur		Geschwindigkeitskonstanten		Gleichgewichtskonstanten K_c	
°C	°K	$\overleftarrow{k}$ HJ-Zerfall	$\vec{k}$ HJ-Bildung	kinetisch $\overleftarrow{k}/\vec{k}$	statisch
283	556	$9{,}42.10^{-7}$	$1{,}19.10^{-4}$	$7{,}9.10^{-3}$	$1{,}2.10^{-2}$
356	629	$8{,}09.10^{-5}$	$6{,}76.10^{-3}$	$1{,}2.10^{-2}$	$1{,}5.10^{-2}$
393	666	$5{,}88.10^{-4}$	$3{,}79.10^{-2}$	$1{,}5.10^{-2}$	$1{,}7.10^{-2}$
448	721	$6{,}70.10^{-3}$	$3{,}75.10^{-1}$	$1{,}9.10^{-2}$	$2{,}0.10^{-2}$
508	781	$1{,}06.10^{-1}$	$3{,}58.10$	$2{,}9.10^{-2}$	$2{,}5.10^{-2}$

Später konnte KISTIAKOWSKY [3] die BODENSTEINschen Versuche bis hinauf zu Drucken von mehreren hundert Atmosphären bestätigen. Bei hohen Drucken mußte lediglich ein Korrekturfaktor in Rechnung gesetzt werden entsprechend der Vergrößerung der Stoßzahl bei hohen Dichten. Die Konstante k^* bei hohen Drucken verhält sich zur Konstanten k bei normalen Drucken wie $1:(1-nb)$, wobei n die Zahl der Mole/cm³ und b das 4- bis 8-fache des Eigenvolumens bedeutet*).

Nach der sehr befriedigenden Aufklärung der Jodwasserstoffreaktion ging BODENSTEIN auch an die Untersuchung der weiteren Halogenwasserstoffreaktionen, bei denen die Bruttoformel der des Jodwasserstoffs analog ist:

$$H_2 + Br_2 \longrightarrow 2\,HBr$$

und

$$H_2 + Cl_2 \longrightarrow 2\,HCl\,.$$

Es zeigte sich, daß bei diesen Reaktionen der Mechanismus sehr viel komplizierter ist. Aber gerade diese zunächst überraschenden und unerklärlich erscheinenden Befunde waren der Anlaß zu neuen Erkenntnissen und großem Fortschritt auf dem Gebiete der Reaktionskinetik.

Literaturhinweise

1. BODENSTEIN, M., Z, Phys. Chem. **13** (1894) 56.
2. BODENSTEIN, M. und JOST, W., J. Amer. Chem. Soc. **49** (1927) 1416.
3. KISTIAKOWSKY, G. B., J. Amer. Chem. Soc. **50** (1928) 2315.

*) J. H. SULLIVAN (J. Chem. Phys. **30** (1959) 1292) konnte neuerdings auch einen über Atome gehenden Mechanismus nachweisen, der bei hohen Temperaturen neben der bimolekularen Reaktion auftritt.

3. Kettenreaktion ohne Gegenreaktionen

Beispiel: Chlorknallgasreaktion

a) Die Geschwindigkeitsgleichung der Lichtreaktion

Ein Gemisch von Wasserstoff und Chlor ist bekanntlich hoch explosiv. Die Explosion kann entweder durch Wärme oder durch Licht hervorgerufen werden. Die Tatsache, daß die Reaktion bei Zündung mit einem starken Knall vor sich geht, hat dem Gemisch $H_2 + Cl_2$ den Namen „Chlorknallgas" eingetragen. Diese Chlorknallgasreaktion hat schon frühzeitig die Forscher angezogen. Entdeckt wurde sie 1801 von CRUIXHAND, und um die Mitte des vorigen Jahrhunderts befaßten sich einerseits der Engländer DRAPER und andererseits die Deutschen BUNSEN und ROSCOE eingehend mit dieser Reaktion.

Im Rahmen dieses Buches interessiert nicht so sehr die Explosion als der langsame, kinetisch verfolgbare Verlauf der Vereinigung von Wasserstoff und Chlor zu Chlorwasserstoff. Eine langsame Vereinigung findet auch im Dunkeln statt, wenn man das Gemisch über 400° C erwärmt. Doch ist diese thermische Reaktion erst verhältnismäßig spät untersucht worden. Das weitaus größere Interesse galt von vornherein der photochemischen Reaktion. Auch diese Reaktion muß nicht explosionsartig verlaufen, sondern läßt sich bei Zimmertemperatur durch Dosierung der Lichtintensität leicht so steuern, daß sie als bequem meßbare Reaktion sich vollzieht. Die photochemische Reaktion hat den Vorteil, daß man diejenige Energie, die für den Start notwendig ist, in abzählbaren Quanten zuführen kann.

Auch hier waren die ersten Versuche sehr schlecht reproduzierbar. Die geniale Idee BUNSENS, ein Aktinometer, d. h. einen Meßapparat für Lichtmengen auf Messung der Geschwindigkeit dieser Reaktion zu begründen, schlug deshalb fehl, weil bei gleicher Bestrahlung große Schwankungen in der Ausbeute und zu Beginn der Reaktion kürzere oder längere Induktionsperioden auftraten. Erst eine sehr durchgefeilte Experimentierkunst konnte diese Fehler ausmerzen. Es zeigte sich, daß es immer Verunreinigungen waren, die diese Störungen verursachten — Fremdstoffe im Reaktionsgemisch oder an der Wand.

Bereits BUNSEN fand, daß Sauerstoff einen hemmenden Einfluß ausübt. Dies veranlaßte BODENSTEIN im Jahre 1911, die Chlorknallgasreaktion mit absichtlich zugesetzten Sauerstoffmengen zu untersuchen.

In diesem Falle haben wir im Gegensatz zur Jodwasserstoffreaktion eine vollständig verlaufende Reaktion vor uns, denn die Gegenreaktion $HCl + HCl \rightarrow H_2 + Cl_2$ findet bei Zimmertemperatur nicht statt. In **Abbildung II, 3,** S. 12, zeigten wir bereits einige Meßdaten, wie sie BODENSTEIN und DUX [1] erhielten. Die Auswertung ergab das völlig unerwartete und vom Befund bei der Jodwasserstoffreaktion abweichende Resultat, daß die Wasserstoffkonzentration in die Geschwindigkeitsgleichung nicht eingeht, die Chlorkonzentration aber mit dem Quadrat. Der Sauerstoff hemmt die Reaktion umgekehrt proportional seiner Konzentration. Die diesbezügliche Gleichung, die wir bereits in Kapitel I_2, S. 8, erwähnten, sei hier nochmals aufgeführt. Sie lautet:

$$d\,[HCl]/dt = k\,[Cl_2]^2/[O_2] \tag{1}$$

Die Messungen waren in einem Wellenlängenbereich durchgeführt, in dem die Lichtabsorption des Chlors relativ schwach war ($\lambda > 405\ \mathrm{m}\mu$), so daß die absorbierte Lichtmenge der Chlorkonzentration proportional zu setzen ist. Dies konnte auch durch direkte Messungen bestätigt werden. Die Formel (1) läßt sich daher auch schreiben

$$\frac{d\,[HCl]}{dt} = k'\,\frac{I_{abs}\,[Cl_2]}{[O_2]}\,. \tag{2}$$

Eine Abschätzung der „Quantenausbeute", d. h. des Verhältnisses der umgesetzten Moleküle zur Zahl der eingestrahlten Lichtquanten, ergab sich als außerordentlich hoch. Die ersten Schätzungen lagen bei 10^5 bis 10^6.

Sowohl die etwas ungewöhnliche Geschwindigkeitsformel, wie auch die Erkenntnis, daß hier eine sehr hohe Quantenausbeute auftrat, führten BODENSTEIN zu der Konzeption der Kettenreaktion. Bezüglich des Kettenträgers war man zunächst auf Vermutungen angewiesen, und BODENSTEIN formulierte eine Kette mit freien Elektronen als Kettenträger, von denen er annahm, daß sie bei der Lichtabsorption gebildet würden. Doch ergaben sich gegen diese Annahme physikalische Einwände.

NERNST machte die damals kühne Annahme, daß Chloratome bei der Lichtabsorption entsprechend der Gleichung

1. $$Cl_2 + E_\nu \longrightarrow Cl + Cl$$

gebildet werden und daß diese, sowie die Wasserstoffatome, die in der Folge nach der Gleichung

2. $$Cl + H_2 \longrightarrow HCl + H$$

entstehen sollten, die „Kettenträger" seien. Ein weiterer Schritt:

3. $$H + Cl_2 \longrightarrow HCl + Cl$$

sollte die Kette schließen, d. h. den durch die Startreaktion gebildeten aktiven Körper, das Chloratom, wieder zurückzubilden.

Zur Zeit des ersten Vorschlages von NERNST schien diese Formulierung jedoch den vorliegenden thermischen Daten zu widersprechen. NERNST aber erkannte sofort, daß höchstwahrscheinlich die gemessenen Wärmetönungen falsch sein würden und bestand auf der Richtigkeit der Annahme seiner Kette. Es sollte sich in der Folge zeigen, daß er recht hatte. Nach vielen mühseligen Wegen und Irrwegen konnte die „NERNST-Kette" als das der Chlorknallgasreaktion zugrunde liegende Schema erwiesen werden.

Zur Berechnung der Geschwindigkeitsgleichung müssen wir noch eine Annahme über die Abbruchreaktion machen. Da der Sauerstoff hemmt, liegt es nahe, ihn für die Vernichtung eines Kettenträgers verantwortlich zu machen, und da als Nebenprodukt Wasser auftritt, ist es wahrscheinlich, daß die Abbruchreaktion am H-Atom ansetzt. Wir formulieren somit:

4. $$H + O_2 + M = HO_2 + M$$

(als Dreierstoßpartner M kann ein beliebiges Molekül, aber auch die Gefäßwand fungieren).

Der Zwischenkörper HO_2 muß als ein metastabiles Gebilde angenommen werden, das schließlich zu Wasser weiterreagieren kann. Daß neben der HCl-Bildung bei Gegenwart von Sauerstoff eine photosensibilisierte Wasserbildung mit einer Quantenausbeute, die zwischen 1 und 2 liegt, stattfindet, konnte experimentell nachgewiesen werden (CREMER [2], SCHENK [3]). Formulierungen dieser Reaktion wurden von BODENSTEIN und LAUNER [4] angegeben:

$$HO_2 + H_2 = H_2O_2 + H$$
$$HO_2 + HCl = H_2O_2 + Cl.$$

Hierbei entstehen zwar wieder neue Kettenträger, doch werden bei den zu H_2O führenden Folgereaktionen wieder ein Cl- und ein H-Atom verbraucht:

$$H_2O_2 + Cl = H_2O + ClO$$
$$ClO + H + M = HClO + M$$
$$HClO + HCl = H_2O + Cl_2$$

In beiden Folgen werden insgesamt zwei Kettenträger vernichtet und es entstehen zwei Moleküle H_2O, pro Kettenabbruch also ein Wassermolekül.

Bei der Abreaktion mit Chlor:

$$\begin{aligned} HO_2 + Cl_2 &= HCl + ClO_2 \\ ClO_2 + H &= HCl + O_2 \end{aligned}$$

werden insgesamt auch zwei Ketten abgebrochen, es wird aber kein Wasser gebildet.

Die oben mit **1** bis **4** bezeichneten Teilschritte lassen sich durch das **Bildschema 7** (S. 32) darstellen, wenn man **2a** vernachlässigt und **3a** = **4** setzt. Wendet man hierauf die in Abschnitt II_8, S. 26, gegebenen Regeln an, so findet man, daß dieses Schema auf die von Bodenstein und Dux gefundene Geschwindigkeitsgleichung (1) führt. Die Rechnung sei jedoch hier nochmals ausführlich in der von Bodenstein selbst [7] angegebenen Weise wiedergegeben. Setzt man die Bildungsgeschwindigkeit eines Zwischenkörpers gleich der Geschwindigkeit seines Abreagierens, so ergibt sich

$$\begin{array}{lll} \text{für Cl:} & 2k_1 [Cl_2] + k_3[H][Cl_2] = k_2 [Cl] \cdot [H_2] & \text{(I)} \\ \text{für H:} & k_2 [Cl][H_2] = k_3 [H][Cl_2] + k_4 [H][O_2] & \text{(II)} \\ \hline & k_1 [Cl_2] = k_4 [H][O_2] & \text{(I) + (II)} \end{array}$$

$$[H] = \frac{2k_1 [Cl_2]}{k_4 [O_2]}$$

Es ist ferner die Bildungsgeschwindigkeit von HCl nach (2) und (3)

$$d\,[HCl]/dt = k_2 [Cl][H_2] + k_3 [H][Cl_2]$$

Die beiden Addenden sind aber nach (I) einander gleich, da $k_1 [Cl_2]$ gegen sie vernachlässigt werden kann: ein Kettenbeginn gegenüber vielen Kettengliedern. Wir erhalten somit:

$$d\,[HCl]/dt = 2k_3[H][Cl_2] = \frac{4k_1k_3}{k_4} \frac{[Cl_2]^2}{[O_2]} \qquad (1a)$$

Bei starker Variation der Konzentrationen der Reaktionsteilnehmer ergab sich die Notwendigkeit, diese Formel durch Zusatzglieder zu erweitern, doch zeigten sich in Bezug auf deren Formulierung alsbald zwischen den Arbeiten verschiedener Autoren erhebliche Diskrepanzen. Nach Messungen von Cremer [2] erhält man bei stärkerer Variation des Wasserstoff- und des Sauerstoff-Druckes die Formel

a) $$d\,[HCl]/dt = \frac{k_c [Cl_2]^2 [H_2]}{[Cl_2] + 0{,}02 [H_2][O_2]}$$

während Thon [5], der die Formel **a)** zunächst aus theoretischen Gründen verteidigte, diese in eigenen Messungen nicht verifizieren konnte, sondern eine andere Abhängigkeit fand:

b) $$d\,[HCl]/dt = \frac{k [Cl_2]^2 [H_2]}{([H_2] + 0{,}1 [Cl_2])[O_2]}.$$

Es zeigt sich nun, daß sich unter Anwendung der Rechenregeln von Abschnitt II_9, S. 31, beide Formeln aus dem in **Abbildung IV, 4** gegebenen Bildschema ableiten lassen, wenn bei **a)** die Reaktion **6**, bei **b)** die Reaktion **5** neben **2** von maßgeblichem Einfluß ist.

In dem Schema Abb. IV, 4 ist auch noch eine Reaktion **7** angedeutet, die nur bei ganz niedrigen Sauerstoffdrucken neben **4** zur Geltung kommt. Die Reaktion **6** ist in diesem Schema als Wandreaktion angenommen worden. Man kann also vermuten, daß sie unter Bedingungen, bei denen die Wand nicht besonders gereinigt wurde, oder bei denen sich Stoffe mit großer Oberfläche im Reaktionsraum befanden, stärker hervortreten muß. In den Messungen von THON wurden nun Quarzgefäße benützt, bei denen erfahrungsgemäß die Wandreaktion klein ist, während das Reaktionsgefäß bei CREMER aus gewöhnlichem Glas bestand. Außerdem sollte bei den letzteren Versuchen auch die Wasserbildung gemessen werden. Aus diesem Grunde befand sich Phosphorpentoxyd im Reaktionsraum, das das gebildete Wasser absorbierte, so daß die Geschwindigkeit der Wasserbildung durch die Druckabnahme verfolgt werden konnte. Aus dieser Verschiedenheit der Versuchsanordnungen, die insbesondere in der verschiedenen Größe der Oberfläche des Reaktionsraums bestand, erklärt sich zwanglos, daß in den Versuchen von CREMER die Wandreaktion

$$k_6 \gg k_5 \cdot [O_2] \text{ war.}$$

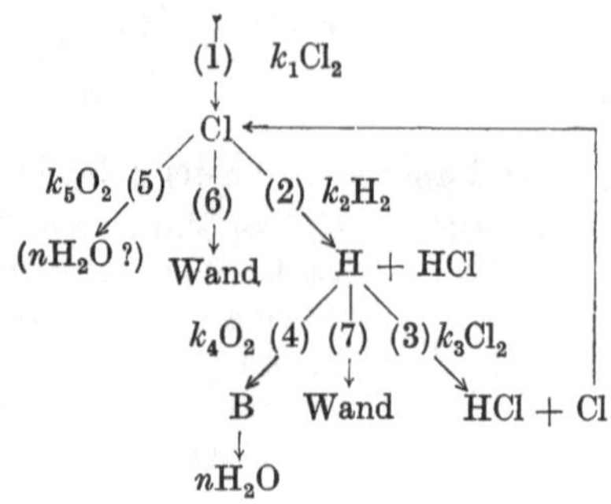

Abb. IV, 4.
Schema für die Chlorwasserstoffbildung

Unter Vernachlässigung der kleinen additiven Glieder $k_4 k_6 [O_2]$, bzw. $k_5 k_6 [O_2]^2$ erhält man mit **4** und **6** als maßgebliche Nebenreaktionen:

aa)
$$d\,[HCl]/dt = \frac{4k_1 k_2}{k_6} \cdot \frac{[Cl_2]^2\,[H_2]}{[Cl_2] + \frac{k_2 k_4}{k_3 k_6}\,[H_2]\,[O_2]}$$

und unter der Annahme, daß **5** die Reaktion **6** überwiegt

bb)
$$d\,[HCl]/dt = \frac{4k_1 k_3}{k_4} \cdot \frac{[Cl_2]^2\,[H_2]}{\left([H_2] + \frac{k_3 k_5}{k_2 k_4}\,[Cl_2]\right)[O_2]}.$$

Aus der Tatsache, daß die Reaktion als Kettenreaktion verläuft, läßt sich auch verstehen, daß sie leicht explosionsartig entartet. Für $k_1 [Cl_2]$ können wir wie oben in (2) auch $k_1' \, I_{abs.}$ setzen. Bei intensiver Belichtung und sehr reinen Gasen können mehr Chloratome pro Zeiteinheit entstehen als durch Kettenabbruch vernichtet werden. Die Konzentration der aktiven Zwischenkörper ist dann nicht stationär, sondern steigt dauernd an, ebenso die Geschwindigkeit der HCl-Bildung. Da die Reaktion mit 40 kcal exotherm ist, führt die Erhöhung der Reaktionsgeschwindigkeit auch zur Erhöhung der Temperatur. Wenn mehr Wärme entsteht als abgeführt werden kann, kommt es zur Wärmeexplosion. Bei hohen Temperaturen können außerdem beim Stoß eines aktiven Zwischenkörpers mit einem Molekül mehrere aktive Teilchen gebildet werden, z. B.

$$H + Cl_2 = H + Cl + Cl$$
$$HO_2 + H_2 = H + OH + OH$$

wir haben dann eine Kettenverzweigung und damit eine erhöhte Wahrscheinlichkeit für die Erreichung der Explosionsbedingung [vgl. II_7 (2)].

b) Bestimmung der Quantenausbeute und der Kettenlänge

Zur Bestimmung der Kettenlänge kann man auf drei verschiedenen Wegen gelangen:

1. Man mißt die absorbierten Quanten pro Zeit und bestimmt die in der gleichen Zeit entstandenen HCl-Moleküle. Der Vergleich mit unserem Schema zeigt, daß pro

absorbiertes Quant zwei Cl-Atome entstehen, von denen wieder jedes Anlaß zur Bildung von zwei HCl-Molekülen gibt. Wir müssen also die Zahl der pro absorbiertes Quant gebildeten HCl-Moleküle durch vier dividieren, um die Zahl der Kettenglieder oder die sogenannte „Kettenlänge" zu erhalten.

Wir erwähnten schon, daß die ersten, noch sehr rohen Schätzungen von BODENSTEIN Kettenlängen von 10^5 bis 10^6 für die Versuche von DUX ergaben. Diese Schätzung war für den betrachteten Fall sicher um 1 bis 2 Zehnerpotenzen zu hoch gegriffen. Genauere Messungen wurden später von BODENSTEIN und SCHENK [3] und BODENSTEIN und WINTER [6] durchgeführt und bei den letzteren wurde unter sehr reinen Bedingungen wirklich eine Quantenausbeute von 10^6 erreicht.

Mit der Absicht, die Folgerungen aus dem Reaktionsschema durch direkte Bestimmung von Kettenlängen zu prüfen, wurde die Quantenausbeute zuerst 1927 bestimmt und zwar durch Messung einer Vergleichsreaktion, deren Quantenausbeute bekannt war (CREMER). Hierzu wurde der chlorsensibilisierte Ozonzerfall benützt, der nach BONHOEFFER mit einer Ausbeute von etwa zwei Molekülen O_2 pro absorbiertes Quant vor sich geht. Diese Methode hat den Vorteil, daß die Absorptionsverhältnisse bei gleichem Chlordruck für die Eichreaktion und die untersuchte Reaktion gleich sind. Eine Abschätzung der Reflexionen und Schichtdicken, die nur bei parallelem Einfall des Lichtes und planparallelen Gefäßwänden einigermaßen verläßlich durchzuführen ist, muß nicht vorgenommen werden. Es ergab sich in dem betrachteten Versuch, daß bei einem Chlordruck von 150 mm 6 mm Ozon umgesetzt, bzw. 108,6 mm HCl gebildet wurden. In letzterem Falle betrug auch der Sauerstoffdruck 150 mm, d. h. es war $[Cl_2] = [O_2]$. Es wurden unter diesen Bedingungen also 18-mal mehr HCl-Moleküle gebildet als O_3-Moleküle umgesetzt. Da pro Quant zwei Ozonmoleküle zerfallen, wurden pro Quant 36 HCl-Moleküle gebildet. Die Kettenlänge war somit $36/4 = 9$.

Dieser Wert dürfte eher etwas zu tief liegen, doch die Größenordnung 10 ist sicher richtig. Die Kette ist hier also recht kurz, aber man bedenke, daß die Sauerstoffkonzentration ungewöhnlich hoch ist (150 mm Hg!) und daß (wenn die Wandeinflüsse gering sind) die Kettenlänge dem Sauerstoffdruck umgekehrt proportional ist. Als „normale" Verunreinigung kann man 0,1 bis 0,01 mm O_2 ansehen, so daß sich für diesen Fall Kettenlängen von 15000 bis 150000 ergeben würden. Bei $p_{O_2} < 10^{-3}$ mm hat man „sehr reine" Bedingungen und das führt dann auch theoretisch auf eine Kettenlänge von 10^6.

Eine Direktmessung der absorbierten Lichtquanten mit Thermosäule wurde an sauerstoffhaltigem Chlorknallgas von BODENSTEIN und SCHENK [3] durchgeführt. Mittelt man die ziemlich stark streuenden Werte und reduziert sie auf die Bedingung: $[O_2] = [Cl_2]$, so erhält man für die Kettenlänge den Wert $x = 17$. CREMER und MARGREITER erhielten später nach einer ähnlichen Methode den bei $[O_2] = [Cl_2]$ gut reproduzierbaren Wert $x = 15$ (s. **Tab. IV, 5**).

Tab. IV, 5

Vergleich gemessener und berechneter Kettenlängen nach CREMER und MARGREITER [8]

Nr.	% H_2	% Cl_2	% O_2	$\frac{Cl_2}{O_2}$	Kettenlänge gemessen	Kettenlänge berechnet
9	60	20	20	1,0	16	15
12	40	30	30	1,0	15	14
13	50	25	25	1,0	15	15
14	70	15	15	1,0	14	16

2.) Die unter 1.) beschriebene Bestimmung der Kettenlänge aus der Quantenausbeute läuft darauf hinaus, daß die Zahl der Startreaktionen gemessen und mit der Zahl der für die Kettenreaktion gebildeten Moleküle des Endproduktes verglichen wird. Da aber die Zahl der Startreaktionen gleich der Zahl der Abbruchreaktionen ist, kann man auch die letzteren abzählen. Dies ist dann möglich, wenn der Abbruch durch Bildung eines definierten Endproduktes erfolgt. Im Falle des sauerstoffhaltigen Chlorknallgases ist dieses Endprodukt Wasser. Wir diskutierten bereits die Folgereaktionen des Reaktionsschrittes **4**, die zur Wasserbildung führen. Es ist aber sehr wahrscheinlich, daß auch Reaktion **5** und **6** eine Wasserbildung im Gefolge haben, indem sich der Mechanismus des photosensibilisierten Deaconprozesses anschließt, der in einem Gemisch von O_2, Cl_2 und HCl stets auftritt und nach der Bruttoformel verläuft:

$$O_2 + 4\,HCl \rightarrow 2\,H_2O + 2\,Cl_2 .$$

Wenn also der Kettenabbruch stets zu Wasser führt, dann gilt, wenn n Wassermoleküle pro Kette gebildet werden, für die Kettenlänge:

$$x = \frac{n}{2}\,\Delta HCl/\Delta H_2O \tag{3}$$

wobei Δ HCl und Δ H_2O die in einem bestimmten Zeitintervall gebildeten Mole Chlorwasserstoff bzw. Wasser bedeuten. Die ersten diesbezüglichen Messungen [2] ergaben für den Fall $[Cl_2] = [O_2]$ und $n = 2 : x = 23$.

3.) Wie bereits früher abgeleitet, (Kapitel II_7, S. 26) kann man ganz allgemein die Kettenlänge einer zweistufigen Kette berechnen nach der Gleichung:

$$x = \frac{w_2 w_3}{1 - w_2 w_3} . \tag{4}$$

wobei $w_2 \cdot w_3$ die Wahrscheinlichkeit ist, daß die Kette weiterläuft, $1 - w_2 \cdot w_3$ diejenige, daß sie abbricht. Die Gleichungen für w_2 und w_3 lassen sich nach dem Bildschema in **Abbildung IV, 3** sofort aufstellen (mit **4** und **6** als Nebenreaktionen):

$$w_2 = \frac{k_2[H_2]}{k_6 + k_2[H_2]} = \frac{[H_2]}{\frac{k_6}{k_2} + [H_2]} , \tag{5}$$

$$w_3 = \frac{k_3[Cl_2]}{k_4[O_2] + k_3[Cl_2]} = \frac{[Cl_2]}{\frac{k_4}{k_3}[O_2] + [Cl_2]} . \tag{6}$$

Aus (4), (5) und (6) ergibt sich, daß man die Kettenlänge berechnen kann, wenn die Quotienten

$$k_6/k_2 \text{ und } k_4/k_3$$

bekannt sind.

Legen wir zunächst das einfache Bodensteinschema zu Grunde mit $k_6 = 0$ und somit $w_2 = 1$ und machen die Annahme, daß pro Kettenabbruch 2 H_2O gebildet werden ($n = 2$), so ist

$$\frac{\Delta\,[HCl]}{\Delta\,[H_2O]} = \frac{k_3[Cl_2]}{k_4[O_2]} , \tag{7}$$

Setzen wir nun für diesen Quotienten den aus den Messungen von Cremer sich ergebenden Wert, 23 (genauer: 22,6) und $[Cl_2] = [O_2]$, so erhalten wir

$$k_3/k_4 = 23 . \tag{8}$$

Bei den Versuchen, aus denen dieser Zahlenwert gewonnen wurde, war aber bei $[O_2] \ll [Cl_2]$ die Nebenreaktion **6** deutlich merkbar. Es ist also $w_2 < 1$. Um w_2 zu berechnen, benötigen wir den Quotienten k_6/k_2. Diesen können wir nun aus dem Vergleich der Formeln **a** und **aa** gewinnen (vgl. S. 101, 102). Es ist:

$$\frac{k_4}{k_3} \cdot \frac{k_2}{k_6} = 0{,}02 \ [\text{torr}^{-1}]. \tag{9}$$

Aus (8) und (9) ergibt sich $k_2/k_6 = 0{,}45$ torr^{-1}. Wir können nun für einen bestimmten Versuch, z. B. für $[Cl_2] = [O_2] = 150$ mm, $H_2 = 200$ mm, aus (4), (5) und (6) die Kettenlänge berechnen und erhalten $x = 17$.

Unter Berücksichtigung der Nebenreaktion **6** und der Tatsache, daß $n < 2$, erhält man einen etwas niedrigeren Wert für k_3/k_4. Bodenstein hat in seiner letzten Arbeit als besten Wert

$$k_3/k_4 = 18\,. \tag{10}$$

angenommen. Setzen wir nun diesen Wert in (4), (5) und (6) ein, so erhalten wir für $[Cl_2] = [O_2]$:

$$x = 16,$$

was mit der direkten Bestimmung der Quantenausbeute von Cremer und Margreiter sehr gut übereinstimmt. Die in Tabelle IV, 5 unter „berechnet" angegebenen Kettenlängen wurden mit den Werten $k_3/k_4 = 18$ und $k_6/k_2 = 0{,}56$ [%] sowie $[Cl_2] = [O_2]$ für die angegebenen Versuche berechnet. Nach den unter 2.) angeführten Messungen würde man nach (3) auch $x = 16$ erhalten, wenn $n = 1{,}4$. Dieser Wert ist in guter Übereinstimmung mit Messungen von Bodenstein und Schenk für die Quantenausbeute der photosensibilisierten Wasserbildung.

c) Absolutbestimmung der einzelnen Geschwindigkeitskonstanten

Die im vorigen Absatz aufgestellten Wahrscheinlichkeitsgleichungen führten uns auf die Bestimmung von Quotienten zweier parallel geschalteter Reaktionen, so z. B. k_2/k_6 und k_3/k_4. Von hier zur Bestimmung des Absolutwertes einer Geschwindigkeitskonstante ist nur mehr ein Schritt. Gelingt es eine ihrem Absolutwert nach bekannte Reaktion (mit der Geschwindigkeitskonstante k_b) der Hauptreaktion parallel zu schalten, so kann man z. B. an Stelle des Quotienten k_2/k_6 den Quotienten k_2/k_b bestimmen und somit k_2 ohne weiteres berechnen. Kennt man ferner das Temperaturinkrement von k_b, und stellt dasjenige des Quotienten k_2/k_b durch Messung fest, so erhält man auch den zu k_2 gehörigen q-Wert.

Bodenstein hat nun solche Parallelreaktionen gefunden. Für den Teilschritt 2 (vgl. Abb. IV, 4), also für die Abreaktion des Cl-Atoms, waren es die zur Phosgenbildung

$$Cl_2 + CO \longrightarrow COCl_2$$

führenden Reaktionsschritte, die durch die Arbeiten von Bodenstein, Schumacher und Brennschede [9] völlig geklärt waren (vgl. Bildschema 8, S. 33). Durch Hinzufügen von Wasserstoff konnte man eine HCl-Bildung parallel schalten und somit die Geschwindigkeitskonstante der Reaktion 2 ermitteln.

Für die Reaktionen der H-Atome konnte die in früheren Kapiteln (vgl. Kapitel IV_1, S. 90) bereits besprochene Umwandlung des para-Wasserstoffes nach der Gleichung

3a. $$H + pH_2 \longrightarrow nH_2 + H$$

als Parallelreaktion verwendet werden. Es zeigte sich allerdings, daß bei Gegenwart von HCl die Reaktion

$$2'. \qquad H + HCl \longrightarrow H_2 + Cl$$

mit größerer Geschwindigkeit auftritt als die Reaktion **2a**. Um neben der Reaktion **3** die Reaktion **3a** messen zu können, mußte man mit praktisch HCl-freien Gasen, d. h. bei sehr geringen Umsätzen arbeiten. Die großen experimentellen Schwierigkeiten wurden schließlich von BODENSTEIN und KHODSCHAJAN [7] überwunden. Sie berechneten die Geschwindigkeitskonstanten der Reaktionen 2, 2′, 3 und 4, die hier mit ihren Wärmetönungen noch einmal aufgeführt seien. Die Auswertung erfolgte unter der Annahme eines bimolekularen Stoßes unter Einsetzen eines sterischen Faktors f und der aus der Temperaturabhängigkeit bestimmten Aktivierungsenergie E. Die logarithmierte Form lautet dann:

$$\log k = \log \frac{\text{Stoßzahl}}{\sqrt{T}} + \log \sqrt{T} + \log f - \frac{E}{2{,}3\,RT}. \qquad (11)$$

Die Konstanten der Reaktionen

$$\begin{array}{llll} 2. & Cl + H_2 & = HCl + H & -\ 0.8\ \text{kcal} \\ 2'. & H + HCl & = H_2 + Cl & +\ 0.8\ \text{kcal} \\ 3. & H + Cl_2 & = HCl + Cl & +\ 45\ \text{kcal} \\ 4. & H + O_2 + M & = HO_2 + M & \end{array}$$

haben die Werte:

	$\log k_{288^\circ}$	log Stoßausbeute
$\log k_2 = 10.47 + {}^1/_2 \log T - 0.92 - \frac{5730}{4.57\,T}$ ······	6.40	— 5.30
$\log k_{2'} = 10.48 + {}^1/_2 \log T - 1.39 - \frac{4950}{4.57\,T}$ ······	6.55	— 5.16
$\log k_3 = 18.50 + {}^1/_2 \log T - 0.78 - \frac{2550}{4.57\,T}$ ······	9.01	— 2.72
$\log k_4 = 10.42 + {}^1/_2 \log T - 1.60 - \log f' - \frac{500}{4.57\,T}$		

Reaktion **4** wurde als eine im Dreierstoß verlaufende Gasreaktion angenommen. f' ist dann ein Ausbeutefaktor, der von der Art des Stoßpartners M abhängt (vgl. IV, 3c), aber in der Nähe von 1 liegt. Die Konstanten k_6 und k_5 können mit Hilfe der Konstanten k_2, k_3 und k_4 nach (9) und dem Vergleich von Formel **b** und **bb** auf S. 101 und 102 leicht berechnet werden.

Zur vollständigen Berechnung der Geschwindigkeitsformel ist dann nur noch die Kenntnis von k_1, der zu Gleichung

$$1. \qquad Cl_2 + E_\nu \longrightarrow Cl + Cl$$

gehörigen Konstanten notwendig, doch ist diese durch die Zahl der pro Zeiteinheit absorbierten Quanten gegeben. Sie kann also direkt gemessen werden.

d) Bemerkungen zum Kettenabbruch

Zu **4** ist noch zu bemerken, daß k_4 im gleichen Gefäß bei Variation der Gaszusammensetzung nur dann gut konstant ist, wenn man für M die Gefäßwand setzen kann. Vollzieht sich die Reaktion **4** aber im Gasraum, so zeigen sich die verschiedenen Partner (H_2, Cl_2, HCl usw.) verschieden wirksam und man muß nach BODENSTEIN und LAUNER diese Verschiedenheit berücksichtigen. Es gehen dann alle Dreierstoßpartner und die Wahrscheinlichkeiten (m, n, p ....)

mit der sie die Energie übernehmen, in die Geschwindigkeitsgleichung ein. Die BODENSTEIN-DUXsche Gleichung wird dann folgendermaßen abgewandelt:

$$d[\mathrm{HCl}]/dt = \frac{4k_3}{k_4} \cdot \frac{\mathrm{I_{abs}}\,[\mathrm{Cl_2}]}{[\mathrm{O_2}] \cdot (m[M_1] + n[M_2] + p[M_3] + \cdots)} \tag{12}$$

Berücksichtigt man auch noch die anderen Nebenreaktionen, z. B. **5** und **6**, so wird die Formel natürlich noch wesentlich komplizierter [vgl. (14)].

Großes Aufsehen erregte die von COEHN und JUNG gefundene Tatsache, daß vollständig trockenes Chlorknallgas nicht oder nur sehr langsam reagiert. BODENSTEIN und BERNREUTHER [6] versuchten, diese Tatsache nachzuprüfen. Sie benützten intensiv getrocknete Ausgangssubstanzen in einer ganz aus Quarz bestehenden Apparatur, die durch wochenlanges Ausheizen von allen Wasserspuren befreit war. Sie fanden nicht nur eine normale, sondern eine unerwartet heftige Reaktion: die kostbare Apparatur wurde schon bei mäßiger Belichtung durch das Eintreten einer Explosion zerstört. Die Autoren konnten ferner nachweisen, daß Goldstaub eine stark hemmende Wirkung durch Kettenabbruch ausübt, und es ist anzunehmen, daß COEHN und JUNG, die das verwendete Chlor, um es besonders wasserfrei zu erhalten, aus Goldchlorid herstellten, hierbei Goldstaub in die Apparatur einbrachten und daß dieser — nicht die Trocknung — die starke Verzögerung bewirkte.

Es sei noch betont, daß ein Kettenabbruch Cl + Cl, H + H oder H + Cl, von dem man annehmen muß, daß er nur im Dreierstoß vor sich geht, so selten ist, daß er stets von den anderen möglichen Abbruchsformen durch Reaktion mit einer Verunreinigung oder an der Wand übertroffen wird. In der ursprünglich von NERNST aufgestellten Kette wurde er diskutiert, es wurde aber nie eine Reaktionsgleichung gefunden, die mit einem solchen Kettenabbruch zu erklären wäre (vgl. auch II_8, S. 34).

e) Die thermische Chlorwasserstoffbildung

Auch der durch thermische Anregung verursachten Vereinigung von Chlor und Wasserstoff wurde eine Reihe von Arbeiten gewidmet, die meist aus der BODENSTEINschen Schule stammen. Die Reaktion beginnt etwa bei 300° mit meßbarer Geschwindigkeit zu verlaufen. Auch sie geht über eine Kette, deren Träger Cl- und H-Atome sind. Die Cl-Atome werden an der Wand gebildet und ihre Bildungsgeschwindigkeit ist unabhängig vom Chlordruck. Statt des Cl^2-Gesetzes erhält man eine einfache Proportionalität mit der Chlorkonzentration. Sauerstoff hemmt die Dunkelreaktion ebenso wie die Lichtreaktion. Für annähernd stöchiometrische Verhältnisse erhält man

$$d[\mathrm{HCl}]/dt = k[\mathrm{Cl_2}]/[\mathrm{O_2}] \tag{13}$$

Eine ausführliche Untersuchung von KORNFELD und KHODSCHAJAN [10], bei der die oben bereits erwähnten verschiedenen Wirksamkeiten der einzelnen Komponenten als Dreierstoßpartner berücksichtigt wurden, ergab das nachfolgende Schema:

1.	$\mathrm{Cl_{2(Wand)}}$	→	Cl	+ Cl
2.	$\mathrm{Cl + H_2}$	→	HCl	+ H
3.	$\mathrm{H + Cl_2}$	→	HCl	+ Cl
4.	$\mathrm{Cl + O_2 + HCl}$	→	$\mathrm{HO_2}$	+ $\mathrm{Cl_2}$
5.	$\mathrm{H + O_2 + HCl}$	→	$\mathrm{HO_2}$	+ HCl
6.	$\mathrm{H + O_2 + H_2}$	→	$\mathrm{HO_2}$	+ $\mathrm{H_2}$
7.	$\mathrm{H + O_2 + Cl_2}$	→	$\mathrm{HO_2}$	+ $\mathrm{Cl_2}$
8.	$\mathrm{H + O_2}$ + Wand	→	$\mathrm{HO_2}$	+ Wand
9.	H + Wand	→	$\frac{1}{2}\,\mathrm{H_2}$	+ Wand
10.	Cl + Wand	→	$\frac{1}{2}\,\mathrm{Cl_2}$	+ Wand

und wir wollen zum Schluß dieses Abschnittes dem Leser die sich hieraus ergebende Monsterformel nicht vorenthalten. Sie lautet:

$$d[\mathrm{HCl}]/dt = \left(4k_{1\,(w)} \frac{k_3}{k_5} [\mathrm{Cl_2}]\right) \Big/ [\mathrm{O_2}] \left(\frac{k_3 \cdot k_4}{k_2 \cdot k_5} \cdot \frac{[\mathrm{Cl_2}]\,[\mathrm{HCl}]}{[\mathrm{H_2}]} + [\mathrm{HCl}] + \frac{k_6}{k_5} [\mathrm{H_2}] + \right.$$
$$\left. + \frac{k_7}{k_5} [\mathrm{Cl_2}] + \frac{k_{8\,w}}{k_5}\right) + \frac{k_{9\,(w)}}{k_5} \left(1 + \frac{k_3 k_{10\,(w)}}{k_2 k_{9\,(w)}} \frac{[\mathrm{Cl_2}]}{[\mathrm{H_2}]}\right). \quad (14)$$

f) Allgemeine Ergebnisse

Fast 40 Jahre seines Lebens hat BODENSTEIN an der Aufklärung dieser Reaktion gearbeitet. Er schreibt in seiner letzten Veröffentlichung, in der er den Schlußstrich zieht: „Es mag daher zweifelhaft erscheinen, ob damit nicht viel Arbeit verschwendet worden ist; das trifft sicher hier und da zu: manche Irrwege hätte man wohl vermeiden können. Ich glaube trotzdem, die auf die Gewinnung des Materials verwendete Arbeit hat sich gelohnt."

Um dies zu unterstreichen, sei hier noch einmal rekapituliert, welche Erkenntnisse das Studium der Chlorknallgasreaktion gebracht hat:

1. Die Konzeption einer Kettenreaktion.
2. Die Berechnung einer bestimmten Geschwindigkeitsformel aus einem Reaktionsschema unter der Annahme, daß die Konzentration der Zwischenkörper stationär ist.
3. Die Berechnung der Kettenlänge aus dem Reaktionsschema.
4. Die Idee der Kettenverzweigung und die Ableitung der Formel für die Explosionsbedingung bei verzweigten Ketten.
5. Das Aufzeigen und die Erklärung der Empfindlichkeit von Reaktionen, die nach dem Kettenmechanismus verlaufen, gegen Verunreinigung und Wandeinflüsse.
6. Die Möglichkeit, aus dem gleichen Schema verschiedene Geschwindigkeitsformeln zu erhalten, wenn sich nur die Geschwindigkeiten von Nebenreaktionen relativ zueinander ändern.

Literaturhinweise

1. BODENSTEIN, M. u. DUX, W., Z. Phys. Chem. **85** (1913), 297, 329.
2. CREMER, E., Z. Phys. Chem. **128** (1927) 285.
3. BODENSTEIN, M. u. SCHENK, P. W., Z. Phys. Chem. **B 20** (1933), 420.
4. BODENSTEIN, M. u. LAUNER, L., Z. Phys. Chem. **B 48**, 268—288 (1941).
5. THON, N., „Die Chlorknallgasreaktion", Fortschritte der Physik, Chemie und Physikalischen Chemie (1926). und: Z. Phys. Chem. **124** (1926) 327.
6. BODENSTEIN, M. u. WINTER, E., S. B. Preuß. Akad. Wiss., Phys.-math. Kl. (1936) 1, M. BODENSTEIN u. F. BERNREUTHER, ibid. (1933) 333.
7. BODENSTEIN, M., „100 Jahre Chlorknallgas", Ber. dtsch. chem. Ges. **75** (1942) 119.
8. CREMER, E. u. MARGREITER, H., Z. Phys. Chem. **199** (1956), 90.
9. BODENSTEIN, M., BRENNSCHEDE, W. u. SCHUMACHER, H. J., Z. Phys. Chem. **B 40** (1938) 121.
10. KORNFELD, G. u. KHODSCHAJAN, S., Z. Phys. Chem. **B 35** (1937) 403.

4. Kettenreaktion mit vorgelagertem Gleichgewicht

Beispiel: Bromwasserstoffbildung

Die thermische Bildung von Bromwasserstoff läßt sich zwischen 200 und 300° C als vollständig verlaufende Reaktion bequem messen. Die ersten Messungen wurden bereits 1907 von BODENSTEIN und LIND [1] durchgeführt und ergaben (bei 1 atm.

Gesamtdruck) die Geschwindigkeitsgleichung:

$$\frac{d\,[HBr]}{dt} = k \cdot [H_2]\,[Br]^{1/2} \Big/ \left(1 + \frac{[HBr]}{m\,[Br]}\right) \tag{1}$$

m war über den ganzen Temperaturbereich konstant und hatte den Wert 10.

Die Autoren fanden ferner, daß Luft, Tetrachlorkohlenstoff und Wasserdampf die Geschwindigkeit der HBr-Bildung nicht beeinflußten, während Bromwasserstoff und Jod hemmend wirkten.

Da zu der Zeit, da die Formel (1) empirisch gefunden wurde, die Idee der Kettenreaktion noch nicht geboren war, konnte eine Erklärung für den erstaunlichen Befund, daß die Bromwasserstoffbildung so völlig anders verlief als die Jodwasserstoffbildung, nicht gegeben werden. Erst 12 Jahre später als die Erkenntnis der Möglichkeit einer Kettenreaktion am Beispiel des Chlorknallgases gewonnen war, konnte ein einfaches Schema für die HBr-Bildung aufgestellt werden, das mit Formel (1) in Einklang war. Es ist überraschend, daß dieses Schema nicht von BODENSTEIN selbst aufgestellt wurde. Der Bromwasserstoff mit seiner merkwürdigen Formel war von ihm ad acta gelegt, aber die Anregung der NERNST-Kette genügte, drei junge Forscher gleichzeitig und unabhängig auf den Plan zu rufen — es waren dies CHRISTIANSEN, HERZFELD und POLANYI, die in den Jahren 1919 und 1920 das folgende Schema aufstellten [2]:

1.	$Br_2\ (+\,M)$	$\longrightarrow$	$Br + Br\ (+\,M)$	— 45,2 kcal
2.	$Br + H_2$	$\longrightarrow$	$HBr + H$	— 16,4 kcal
3.	$H + Br_2$	$\longrightarrow$	$HBr + Br$	+ 40,5 kcal
4.	$HBr + H$	$\longrightarrow$	$Br + H_2$	+ 16,4 kcal
5.	$H + J_2$	$\longrightarrow$	$H' + J$	+ 33,7 kcal
6.	$Br + Br\ (+\,M)$	$\longrightarrow$	$Br_2\ (+\,M)$	+ 45,2 kcal

Das Schema ist dem Chlorknallgasschema insofern ähnlich, als es als Kettenträger Wasserstoff- und Halogenatome annimmt. Ein wesentlicher Unterschied ist jedoch, daß die Reaktion **6** (die wir, ebenso wie die Reaktion **1**, um den inzwischen gewonnenen Erkenntnissen Rechnung zu tragen, mit einem Dreierstoßpartner M versehen haben) neben **1** mit so großer Geschwindigkeit auftritt, daß die stationäre Bromatomkonzentration stets derjenigen des thermischen Gleichgewichtes

$$Br_2 \rightleftharpoons Br + Br \tag{2}$$

entspricht. Wir haben hier das Beispiel einer Reaktion mit „vorgelagertem Gleichgewicht".

Die Bromatomkonzentration läßt sich nun sehr einfach aus der Gleichgewichtskonstante des Dissoziationsgleichgewichtes berechnen:

$$K = [Br]^2/[Br_2] \tag{3}$$

$$[Br] = \sqrt{K[Br_2]} \tag{4}$$

oder (wenn man das Gleichgewicht kinetisch ableitet):

$$[Br] = \sqrt{\frac{k_1}{k_6}\,[Br_2]} \tag{5}$$

Für die Wasserstoffatomkonzentration erhält man aus der Bedingung: Bildung = Abreaktion

$$[H] = \frac{k_2 \left(\frac{k_1}{k_6}\right)^{1/2} [H_2]\,[Br_2]^{1/2}}{k_3\,[Br_2] + k_4\,[HBr]}. \tag{6}$$

Für die Bromwasserstoffbildung ergibt sich aus dem Schema

$$\frac{d\,[\mathrm{HBr}]}{dt} = k_2\,[\mathrm{Br}]\,[\mathrm{H_2}] + k_3\,[\mathrm{H}]\,[\mathrm{Br_2}] - k_4\,[\mathrm{H}]\,[\mathrm{HBr}]\,. \tag{7}$$

Durch Einsetzen von (5) und (6) in (7) erhalten wir

$$\frac{d\,[\mathrm{HBr}]}{dt} = \frac{k_2\,[\mathrm{H_2}]\sqrt{\frac{k_1}{k_6}\,[\mathrm{Br_2}]}}{1 + \frac{k_4\,[\mathrm{HBr}]}{k_3\,[\mathrm{Br_2}]}}\,. \tag{8}$$

(8) stimmt mit (1) überein, wobei

$$k = k_2\sqrt{\frac{k_1}{k_6}} \quad (9) \qquad \text{und} \qquad \frac{k_3}{k_4} = 10\,. \quad (10)$$

Der Wert für k_3/k_2, wurde später von Bodenstein und Jung [3] noch genauer zu 8,4 bestimmt. Aus der Tatsache, daß dieser Faktor praktisch temperaturunabhängig ist, folgt, daß $q_3 - q_2, \approx 0$. Die Erfüllung dieser Bedingung ist nur dann wahrscheinlich, wenn q_3 und q_2 selbst in der Nähe von 0 liegen. Beide Reaktionen sind stark exotherm und können also ohne erhebliche Aktivierungsenergie verlaufen. Der Unterschied zwischen k_3 und k_2, wäre dann hauptsächlich durch den sterischen Faktor bedingt, der bei der Reaktion mit der unsymmetrischen Molekel HBr auch kleiner sein muß als bei der Reaktion mit dem symmetrischen Br_2. Da nach (4) und (5) $k_1/k_6 = K$ ist, läßt sich k_2 nach (9) aus dem gemessenen Wert von k und der thermisch bestimmten Gleichgewichtskonstante berechnen. Absolutwert und Temperaturabhängigkeit von k_2 sind nach Jost [3] durch folgende Gleichung gegeben

$$\log k_2 = -\frac{17\,600}{4{,}57\,T} + 12{,}308 + 0{,}5\,\log T\,. \tag{11}$$

Die Bromwasserstoffbildung kann auch als Lichtreaktion verlaufen. Diese wurde von Bodenstein und Mitarbeitern bei Temperaturen zwischen 160 und 200° gemessen. Während die Chlorknallgasreaktion zuerst im Licht und dann im Dunkeln untersucht wurde, ist der geschichtliche Gang bei der HBr-Reaktion umgekehrt; Das für die Dunkelreaktion aufgestellte Schema wurde durch die spätere Messung der photochemischen Reaktion vollauf bestätigt. Nur verläuft die Startreaktion dann natürlich, wie beim Chlorknallgas, entsprechend der Gleichung:

$$\mathrm{Br_2} + E_\nu \longrightarrow \mathrm{Br} + \mathrm{Br}\,. \tag{1a}$$

Es ist $k_{1a}[\mathrm{Br_2}] = 2\,\mathrm{I_{abs}}$ und die entsprechende Geschwindigkeitsgleichung lautet:

$$\frac{d\,[\mathrm{HBr}]}{dt} = \frac{k_2\,[\mathrm{H_2}]\sqrt{\frac{2\,\mathrm{I_{abs}}}{k_6}}}{1 + \frac{k_4\,[\mathrm{HBr}]}{k_3\,[\mathrm{Br_2}]}}\,. \tag{12}$$

Der Quotient aus den Reaktionsgeschwindigkeiten der Licht- und der Dunkelreaktion ist gleich dem Verhältnis der Bromatomkonzentrationen in beiden Fällen. Da man die thermische Atomkonzentration nach (4) berechnen kann, konnte hier erstmalig auch die Atomkonzentration bei einer Lichtreaktion bestimmt werden. Man kann dann auch die Zahl der Stöße zwischen zwei Bromatomen berechnen und findet, daß keineswegs bei jedem Stoß eine Rekombination stattfindet. Es sind mindestens 800 Stöße dazu notwendig, wie es auch der Erwartung entspricht, wenn die Rekombination nur im Dreierstoß vor sich geht. Hilferding und Steiner [5] konnten zeigen, daß sich bei niedrigen Drucken eine Rekombination an der Wand gemäß

6'. $Br + Wand \longrightarrow {}^1/_2\, Br_2 + Wand$

bemerkbar macht. Es wird schließlich diese Abbruchreaktion vorherrschend und dementsprechend ändert sich auch die Geschwindigkeitsformel.

Das Abbrechen der Kette entsprechend

6. $Br + Br + M = Br_2 + M$

führte auf die Proportionalität mit der Wurzel aus der Bromkonzentration (bzw. des absorbierten Lichtes), während wir bei Abbruch nach **6'** erhalten:

$$\frac{d\,[HBr]}{dt} = \frac{k_2\,[H_2]\,\dfrac{2\,I_{abs}}{k_6'}}{1 + \dfrac{k_4\,[HBr]}{k_3\,[Br_2]}}\,. \tag{13}$$

Es ändert sich also die Ordnung der Reaktion in bezug auf Br_2 (bzw. auf die Abhängigkeit von der Zahl der absorbierten Quanten) von $^1/_2$ auf 1. Wir haben hier ein Beispiel für die allgemeine Regel (vgl. S. 34): Verschwindet der aktive Kettenträger durch Rekombination mit einem anderen Kettenträger, so treten in der Geschwindigkeitsformel halbe Potenzen auf, geht jedoch die Vernichtung eines Kettenträgers an der Wand oder durch Reaktion mit einem molekularen Reaktionspartner (wie z. B. O_2 beim Chlorknallgas) vor sich, so geht die gebrochene Ordnung in die ganzzahlige über.

Die Bromwasserstoffreaktion kann ebenso wie die Chlorwasserstoffreaktion als eine in ihrem kinetischen Verlauf sowohl im Lichte wie im Dunkeln völlig aufgeklärte Reaktion gelten.

Literaturhinweise

1. Bodenstein, M. u. Lind, S. C., Z. Phys. Chem. **57** (1907) 168.
2. Schumacher, H. J., Chemische Gasreaktionen, Verlag Steinkopff Leipzig, 1938.
3. Bodenstein, M. u. Jung, G., Z. Phys. Chem. **121** (1926) 127.
4. Jost, W., Z. Phys. Chem. **B 3** (1926) 95.
5. Hilferding, K. und Steiner, W., Z. Phys. Chem. **B 30** (1935) 399.

5. Monomolekulare Zerfallsreaktionen

Beispiel: Thermischer Zerfall gasförmiger organischer Moleküle

a) Direkter Zerfall in die Endprodukte

Wenn eine organische Substanz, z. B. ein Alkohol oder ein Äther, durch thermische Einwirkung monomolekular zerfällt, so fluktuiert nach der von Polanyi und Wigner gegebenen Modellvorstellung die Energie im Molekül so lange hin und her, bis durch Interferenz in einer Molekülschwingung die Energie über einen kritischen Energiewert E_0 steigt und dadurch ein Zerplatzen des Moleküls unter Umgruppierung der Bruchstücke zu den Endprodukten eintritt [3].

Die Geschwindigkeit der Zersetzung ist, wenn n die Konzentration der betreffenden organischen Substanz bedeutet:

$$-dn/dt = \nu \cdot e^{-E_0/RT} \cdot n \tag{1}$$

d. h. die Reaktion verläuft nach 1. Ordnung mit einer Geschwindigkeitskonstanten

$$k = \nu \cdot e^{-E_0/RT}. \tag{2}$$

Für ν kann man die Frequenz einer Schwingung setzen, deren Energie $\varepsilon = h\nu = \mathbf{k}T$ ist. Es ist also $\nu = \mathbf{k}T/h$. Diese Frequenz hat in demjenigen Intervall, in dem monomolekulare Reaktionen der oben beschriebenen Art mit meßbarer Geschwindigkeit verlaufen (etwa zwischen 200 und 700° C), einen Wert von 1- bis 2mal 10^{13}.

In der **Tabelle IV, 6** ist eine Reihe von organischen Stoffen aufgeführt, deren Zerfall nach 1. Ordnung verläuft. In den Spalten 5 und 6 sind die q- und ν-Werte angegeben, die man bei Auswertung der Messungen nach Formel (1) unter der Annahme ν = const., $E_0 = q$ erhält. Die gefundenen ν-Werte bewegen sich zwischen 10^{11} und 10^{15}. Der Schwerpunkt liegt bei 10^{13}.

Tab. IV, 6. Aktivierungsenergie, Frequenzfaktor und wirksame Freiheitsgrade einiger monomolekular zerfallender Substanzen

Ausgangs-substanz	Produkte	Temperatur-intervall °C	Druckgebiet Torr	q in kcal	ν	s	B*)
C_2H_5Br	C_2H_4, HBr	395—420	12—360	54,8	$3{,}9 \cdot 10^{14}$	11	2
$C_2H_4Cl_2$	C_2H_3Cl, HCl	650—715	40—400	64,5	$4{,}5 \cdot 10^{15}$	13	7
C_2H_6	C_2H_4, H_2	583—637	4—500	69,8	$1{,}3 \cdot 10^{14}$	7	6
CH_3OCH_3	CH_4, H_2, CO	422—552	28—894	58,5	$1{,}6 \cdot 10^{13}$	8	1
$C_2H_5NO_2$	NO, CH_3CHO, C_2H_5OH	190—240	50—370	37,7	$1{,}4 \cdot 10^{14}$	12	5
$ClCOOCCl_3$	2 $COCl_2$	260—310	4— 17	41,5	$1{,}4 \cdot 10^{13}$	14	1
C_2H_5CHO	C_2H_6, CO	450—600	20—400	54	$1{,}4 \cdot 10^{12}$	6	1
$CH_3OC_2H_5$	CO, CH_4	386—460	26—540	54,5	$1{,}7 \cdot 10^{12}$	6	1
$C_2H_5OC_2H_5$	CO, C_2H_4, CH_4	426—588	25—487	53	$2{,}8 \cdot 10^{11}$	4	1
$CH_3OC_3H_7$	CO, CH_4, C_2H_6	400—450	22—336	49	$8{,}4 \cdot 10^{12}$	6	1
$(CH_3)_3COH$	$(CH_3)_2C\ CH_2$	487—555	2—340	65,5	$4{,}8 \cdot 10^{13}$	19	4

Nach der Theorie von Eyring (S. 71) lassen sich sowohl Unterschreitungen wie Überschreitungen des theoretischen Wertes erklären, da in der erweiterten Formel (III_{11}, 6) neben ν noch ein Ausbeutefaktor $\varkappa < 1$ und ein Entropieglied steht. Es sei aber an dieser Stelle auch nochmals darauf hingewiesen, daß wegen der Unsicherheit in der Bestimmung von q, die evtl. einige kcal betragen kann, der Wert von ν nur etwa auf eine Zehnerpotenz genau ist.

Bei den in der Tabelle IV, 6 aufgeführten Reaktionen zeigen die nach 1. Ordnung berechneten Konstanten stets einen deutlichen Abfall beim Übergang zu niederen Drucken. Die zur Berechnung von q und ν benutzten k-Werte wurden, sofern sie bei den höchsten Meßdrucken noch nicht befriedigend konstant waren, auf $p \to \infty$ extrapoliert. Diese Extrapolation wird im allgemeinen durch Auftragen von $1/p$ gegen $1/k$ und Verlängerung der bei hohen Drucken gewonnenen (geradlinigen) Kurvenstücke bis zum Wert $1/p = 0$ vorgenommen.

Das Absinken der Geschwindigkeitskonstanten bei niedrigen Drucken, das sich empirisch durch die Formel

$$k = \frac{k_\infty}{1 + \frac{\beta}{p}} \tag{3}$$

wiedergeben läßt (β = eine für die Reaktion charakteristische Konstante), steht im Einklang mit theoretischen Vorstellungen, die auf Lindemann und Hinshel-

*) Nach Messungen von Hinshelwood (1), Daniels (2), Ramsperger (3), Kistiakowsky (4), Steacie (5), Sachsse (6), Cremer (7) und Mitarbeitern (vgl. [1] [2] [3] [7]).

WOOD zurückgehen, wonach man bei hohen Drucken ein „vorgelagertes Gleichgewicht" für die Konzentration der aktiven Moleküle n^* annehmen darf [1], [2]:

$$n^* = K^* n \tag{4}$$

Die Aktivierung und Desaktivierung geschieht hierbei durch bimolekularen Stoß. Die Geschwindigkeit dieser Reaktionen ist bei hohen Drucken groß gegen die Zerfallsreaktion. Bei niedrigen Drucken wird jedoch die Zerfallsreaktion von kommensurabler Größenordnung mit der vom Gesamtdruck abhängigen Aktivierungs- und Desaktivierungsreaktion. Das Gleichgewicht (4) wird dadurch gestört. Wenn schließlich die Zerfallsreaktion die Desaktivierungsreaktion überwiegt, erhält man aus der Gleichheit der Zerfalls- und Bildungsgeschwindigkeit von n^*:

$$k' \cdot n^* = k'' \cdot N n \tag{5}$$

wobei N die Zahl aller Moleküle pro cm³ ist. Zu Beginn der Reaktion gilt $N = n$. Da der monomolekulare Zerfall der Konzentration n^* proportional ist, geht die Ordnung der Reaktion mit sinkendem Druck von der ersten (4) in die zweite Ordnung (5) über.

Aus (3) ersieht man, daß β die Dimension eines Druckes hat und zahlenmäßig gleich demjenigen Druck ist, bei dem die nach erster Ordnung berechnete Geschwindigkeitskonstante nur mehr den halben Wert von k_∞ besitzt. Dieser Druck steht in Zusammenhang mit der Wahrscheinlichkeit, daß das Molekül, dessen Zerfall gemessen wird, die Energie E_0 in seinem Innern gestapelt hat. Die Möglichkeit der Energieanhäufung hängt nun wieder mit der Zahl s der Schwingungen zusammen, die in einem Molekül möglich sind und auf die sich die Energie verteilen kann. (Die Rotation wollen wir außer acht lassen, da ihre Energie so klein ist, daß sie nicht ins Gewicht fällt.)

Für den Bruchteil W_s^* von n Molekülen pro cm³, der eine Energie $> E_0$ besitzt, wenn $E_0 \gg RT$ und auf insgesamt s Schwingungen verteilt ist, haben wir in Teil III_9 4, aus statistischen Überlegungen den Ausdruck

$$W_s^* = \frac{1}{(s-1)!} (E_0/RT)^{s-1} \cdot e^{-E_0/RT} \tag{6}$$

abgeleitet.

Die Konzentration aller aktiven Moleküle pro cm³ ist dann

$$n^* = n W_s^* \tag{7}$$

vorausgesetzt, daß nur relativ wenige Moleküle zwischen zwei Stößen zerfallen, so daß man ihre Zahl vernachlässigen kann. Die Zerfallsgeschwindigkeit ist der Zahl der aktivierten Moleküle proportional.

Wir können den Vorgang als eine Reaktionsfolge auffassen, die von einer Ausgangssubstanz A (mit der Konzentration n) über einen aktiven Zwischenkörper A^* (mit der Konzentration n^*) zum Endprodukt Z führt, mit der

Startreaktion: 1) $M + A \rightarrow A^* + M$

einer Folgereaktion: 2) $A^* \rightarrow Z$

und der Gegenreaktion zu 1):

1′) $A^* + M \rightarrow M + A$

Da M ein beliebiger Stoßpartner ist, können wir für seine Konzentration die Zahl N aller Moleküle/cm³ setzen. Wir erhalten aus dem obigen Schema für die Konzentration des Zwischenkörpers:

$$n^* = \frac{k_1 N n}{k_2 + k_{1'} N} \tag{8}$$

$k_{1'}$ können wir gleich der bimolekularen Stoßzahl $k_{\max}$ (siehe S. 56), k_2 gleich einer Schwingungsfrequenz ν setzen. Für hohe Drucke überwiegt im Nenner $k_{1'}$, und wir erhalten dann unter Berücksichtigung von (7)

$$\frac{n^*}{n} = \frac{k_1}{k_{1'}} = W_s^* \tag{9}$$

und somit

$$k_1 = k_{\max} W_s^* \tag{10}$$

Nach dem Reaktionsschema ist ferner:

$$\frac{dZ}{dt} = -\frac{dn}{dt} = k_2 n^* \tag{11}$$

Unter Einsetzen von n^* aus (8) und der Werte für die Konstante k_1, $k_{1'}$ und k_2 erhalten wir:

$$-\frac{dn}{dt} = \frac{k_{\max} N W_s^*}{1 + \frac{k_{\max}}{\nu} N} n \tag{11a}$$

Die nach erster Ordnung berechnete Geschwindigkeitskonstante hängt also von N, d. h. vom Druck, ab. Sie wird für hohe Konzentrationen druckunabhängig:

$$k_\infty = \nu W_s^* \tag{12}$$

für niedrige Konzentrationen dem Druck proportional:

$$k = k_{\max} N W_s^* \tag{13}$$

Durch Einsetzen von (12) in (11a) erhalten wir schließlich:

$$k = \frac{k_\infty}{1 + \frac{k_\infty}{k_{\max} N W_s^*}}. \tag{14}$$

Da

$$N = p/\mathsf{k} T \tag{14a}$$

erhält man

$$k = \frac{k_\infty}{1 + \frac{k_\infty \cdot \mathsf{k} T}{k_{\max} p W_s^*}} = \frac{k_\infty}{1 + \frac{\beta}{p}}. \tag{15}$$

Wir haben somit die oben (3) empirisch eingeführte Beziehung zwischen k und k_∞ abgeleitet, wobei sich für β der Ausdruck ergibt:

$$\beta = \frac{k_\infty \cdot \mathsf{k} T}{k_{\max} \cdot W_s^*}. \tag{16}$$

Hierbei ist k die BOLTZMANNsche Konstante, T die absolute Temperatur, $k_{\max}$ der Stoßfaktor. Wir können nun β aus k_∞ berechnen, wenn wir auch alle Größen kennen, die in W_s^* vorkommen [siehe (6)]. Die Zahl der möglichen Schwingungen s läßt sich angeben, sobald die Anordnung der Atome im Molekül bekannt ist [10]. Sie geht auch in die Berechnung von E_0 aus der experimentell bestimmten Aktivierungswärme q ein. Aus der differenzierten logarithmierten Arrheniusgleichung erhalten wir:

$$\frac{d \ln k_\infty}{dT} = \frac{q}{RT^2} \tag{17}$$

Nach (12) und (6) ist aber

$$\frac{d \ln k_\infty}{dT} = \frac{d \ln W_s^*}{dT} = \frac{E_0 - (s-1)\, RT}{RT^2}\,. \tag{18}$$

Aus der Gleichsetzung von (17) und (18) erhalten wir

$$E_0 = q + (s-1)\, RT\,. \tag{19}$$

Die in dieser Weise durchgeführten Berechnungen von β ergeben nun stets zu niedrige Werte. Um sie mit den gemessenen Werten in Einklang zu bringen, muß man annehmen, daß nicht alle möglichen Schwingungen bei der Energieübertragung mitspielen, sondern daß für s eine kleinere Zahl eingesetzt werden muß, die der sogenannten „wirksamen Schwingungen" (vgl. Spalte 7 der Tabelle IV, 6).

b) Zerfall über Radikalketten

Der monomolekulare Zerfall größerer Moleküle kann direkt in stabile Endprodukte, aber auch über Radikale erfolgen. Die ungesättigten Radikale können eine Kettenreaktion auslösen. Die Reaktion kann auch dann nach 1. Ordnung verlaufen und die oben gegebenen Überlegungen, die zeigten, daß es bei niedrigem Druck zu einem Abfall der Konstanten kommen muß, bleiben ebenfalls gültig. Es kann allerdings hier noch ein zusätzlicher Effekt auftreten, nämlich der Abbruch der Kette an der Wand, der infolge schnellerer Diffusion bei niedrigen Drucken mit größerer Wahrscheinlichkeit vor sich geht und zu einem Absinken der Reaktionsgeschwindigkeit führt.

Ein über Radikale kettenmäßig verlaufender Zerfall von Kohlenwasserstoffen wurde insbesondere von Rice und Herzfeld diskutiert. Sie formulierten z. B. den Zerfall von Äthan in Äthylen und Wasserstoff in folgender Weise:

1. $C_2H_6 \longrightarrow CH_3 + CH_3$
2. $CH_3 + CH_3CH_3 \longrightarrow CH_4 + CH_3CH_2$
3. $CH_3CH_2(+M) \longrightarrow C_2H_4 + H(+M)$
4. $H + C_2H_6 \longrightarrow H_2 + CH_3CH_2$
5. $H + H(+M) \longrightarrow H_2(+M)\,.$

Die Durchrechnung des Schemas führt auf die Geschwindigkeitsgleichung:

$$d\,[C_2H_6]/dt = \sqrt{k_1 k_3 k_4 / k_6}\;[C_2H_6]$$

also auf eine 1. Ordnung.

Um zu entscheiden, ob ein organisches Molekül, z. B. das Äthan in die stabilen Endprodukte, in diesem Falle Äthylen und Wasserstoff, zerfällt, oder ob der Zerfall über Radikale in einer Kettenreaktion erfolgt, muß man diejenigen Methoden anwenden, die wir z. T. bereits in den vorhergehenden Kapiteln als Nachweismethoden für das Vorliegen einer Kettenreaktion kennengelernt haben.

Es seien die wichtigsten hier aufgezählt:

1. Direkter Nachweis der aktiven Zwischenkörper (Atome, Radikale). Ein solcher läßt sich durch Untersuchung im Massenspektrometer erbringen, was aber einen ziemlich großen experimentellen Aufwand erfordert.

Sehr bewährt hat sich eine einfache, von PANETH angegebene Methode zum Nachweis von Radikalen: Man läßt die zu untersuchende Substanz bei einem Druck von wenigen mm Hg sehr schnell durch einen Ofen strömen (Verweilzeit etwa $^1/_{1000}$ sec) und leitet das austretende Gas über einen Metallspiegel, der durch Bildung metallorganischer Verbindungen verschwindet, sobald das Gas Radikale enthält.

Bei hohen Radikalkonzentrationen kann der Nachweis auch durch Aufnahme von Absorptionsspektren geführt werden (vgl. II_3, S. 8).

2. Auslösung und Beschleunigung der Reaktion durch Zugabe eines aktiven Zwischenkörpers. Man kann z. B. Atome durch Entladung erzeugen und in das Reaktionsgefäß einführen. Auch durch Lichtabsorption können Atome und Radikale entstehen, die dann eine Kettenreaktion in Gang setzen können.

3. Abbrechen der Kette durch Fremdstoffe. Ein solcher Stoff ist z. B. bei der Chlorknallgasreaktion der Sauerstoff. Für Kettenreaktionen, die über organische Radikale verlaufen, hat HINSHELWOOD gezeigt, daß die Ketten beim Stoß mit NO abgebrochen werden. Eine starke Verlangsamung der Reaktion bei Zusatz von NO kann als Beweis für das Vorliegen einer Kette angesehen werden.

4. Parallelschaltung einer Reaktion, die durch einen Kettenträger ausgelöst wird, ohne daß dadurch die Kette abbricht. Da bei fast allen Reaktionen mit wasserstoffhaltigen Verbindungen (sofern sie über Radikale verlaufen) auch das H-Atom als Kettenträger auftritt, kann die Umwandlung des para-Wasserstoffs entsprechend der Gleichung

$$H + pH_2 \longrightarrow nH_2 + H$$

als parallel geschaltete Reaktion und damit als Bestimmungsreaktion für die H-Atomkonzentration herangezogen werden (vgl. IV_1, S. 94).

Die Anwendungen der hier aufgeführten Methoden auf den monomolekularen Zerfall der organischen Moleküle haben nun ergeben, daß man fast immer Bedingungen findet, unter denen ein Radikalzerfall möglich ist. Daneben findet aber auch ein Zerfall in stabile Produkte ohne Kette statt. Welcher Zerfallsmechanismus vor herrscht, hängt natürlich sehr von den Versuchsbedingungen: Druck, Temperatur, Wandeinflüsse, Verunreinigungen usw. ab. Aus diesen ungleichen Versuchsbedingungen lassen sich abweichende Resultate verschiedener Schulen erklären. So formuliert z. B. HOWLETT [9] den Zerfall von Dichloräthan als Kettenreaktion mit der Startreaktion:

$$C_2H_4Cl_2 \longrightarrow C_2H_4Cl + Cl$$

während BALDT und CREMER [8] bei Anwendung der HINSHELWOODschen NO-Probe keine Verlangsamung der Reaktion feststellen konnten, was zu der Schlußfolgerung führt, daß der Zerfall bei ihren experimentellen Bedingungen ohne Kette oder nur mit sehr kurzen Ketten ablief.

PATAT und SACHSSE [6] haben eine Reihe von Zerfallsreaktionen mit Hilfe der Parawasserstoffmethode untersucht. Sie fanden, daß beim Zerfall von CH_3CHO, C_2H_5CHO, CH_3COCH_3, H_2CO, C_3H_8 zwar Ketten auftreten, daß aber nur ein kleiner Bruchteil der Moleküle nach einem Kettenmechanismus zerfällt. Mit wachsender Aktivierungsenergie wird der Zerfall in Radikale immer wahrscheinlicher. PATAT gibt hierfür die folgende Regel an [7]: Ein Molekül zerfällt umso leichter in Radikale, je kleiner die Differenz zwischen der experimentell bestimmten Aktivierungsenergie und der Bindungsenergie der schwächsten Bindung ist.

Literaturhinweise

1. LINDEMANN, F. A., Trans. Farad. Soc. **17** (1922) 598.
2. HINSHELWOOD, C. N., Proc. Royal. Soc. **A 113** (1927) 230
3. POLANYI, M., WIGNER, E., Z. Phys. Chem. **A 139** (1928) 439.
4. HINSHELWOOD, C. N.. Kinetics of Chemical Change, Clarendon Press, Oxford, 1945.
5. STEACIE, E. W. R., Atomic and Free Radical Reactions, Reinhold Publ. Corps., New York, 1954.
6. SACHSSE, H., Z. Phys. Chem. **B 31** (1936) 87, PATAT, F. u. SACHSSE, H., ibid. 105.
7. PATAT, F., Z. Elektroch. **42** (1936) 85, 265.
8. CREMER, E. u. BALDT, R., Mh. Chem. **80** (1949) 153.
9. HOWLETT, K. E., Trans. Farad. Soc. **48** (1952) 25.
10. SCHÄFER, K., Statistische Theorie der Materie, Verlag Vandenhoek und Rupprecht, Göttingen 1960.
11. EGGERT, J., HOCK, L. u. SCHWAB, G.-M., Lehrbuch der Physikalischen Chemie, Verlag Hirzel, Stuttgart 1960.

6. Ionen-Molekül-Reaktionen

In Abschnitt III_{13}, S. 79f. hatten wir theoretisch den Geschwindigkeitskoeffizienten für Reaktionen vom Typ

$$\underset{n_1^+}{X^+} + \underset{n_2}{YH} \longrightarrow XH^+ + Y \qquad \text{(I)}$$

abgeleitet zu

$$k = 2\pi e \sqrt{\frac{\alpha}{\mu}}\,. \qquad III_{13}\,8$$

(α: Polarisierbarkeit von YH, μ: reduzierte Masse, e: elektr. Ladung von X^+). Dabei ergaben sich in Übereinstimmung mit experimentellen Daten sehr hohe k-Werte (s. Tab. III, 6), die zeigen, daß praktisch jeder gaskinetisch zu wertende Stoß zu dem Prozeß (I) führt. Wir wollen nun in diesem Abschnitt die experimentellen Methoden erläutern, mit Hilfe derer solche Ionen-Molekül-Reaktionen untersucht werden können, und einige Ergebnisse anführen.

Da an diesen Prozessen Ionen wesentlich mitbeteiligt sind, wird deren genauer Nachweis am besten mit einem Massenspektrometer durchgeführt. Mit einem solchen Instrument läßt sich das Verhältnis e/m aller auftretenden Ionen bestimmen und daher bei Kenntnis der Ladung e (meist einfach positiv) die Masse eines Ions als dessen Kenngröße feststellen. Die chemische Identifizierung einer bestimmten Molekül-Ionenmasse muß dann noch vorgenommen werden, indem man die möglichen Kombinationen aller vorhandenen Atomarten in Betracht zieht. In Zweifelsfällen leistet dabei die Indizierung mit Isotopen gute Dienste. Z. B. liegen ^{16}O und $^{12}C^1H_4$ auf praktisch derselben Massenlinie, (wenn man nicht sehr hoch auflösende Massenspektrographen verwendet). Ersetzt man jedoch den normalen Wasserstoff durch ^2D, so erscheint ^{16}O wiederum bei der Masse 16, jedoch $^{12}C^2D_4$ bei der Masse 20.

Mit Hilfe eines Massenspektrometers gelingt aber nicht nur die Identifizierung der auftretenden Ionen, sondern darüber hinaus können aus der Stärke der gemessenen Ströme der einzelnen Ionenarten noch Schlüsse auf die Kinetik ihrer Bildung gezogen werden. Der Einsatz eines Massenspektrometers ist besonders vorteilhaft oder sogar der einzig mögliche Weg, wenn in einem Reaktionsraum eine größere Zahl von verschiedenen Ionenarten auftritt. In solchen Fällen versagen andere Nachweismethoden, die etwa auf der Messung der Ionenbeweglichkeit im elektrischen Felde beruhen, weil die Beweglichkeitsmessungen nur in seltenen Fällen eine eindeutige Identifizierung erlauben. Es kommt noch hinzu, daß es Molekül-Ionen gibt wie z. B. He_2^+, Ne_2^+ . . . HeH^+, NeH^+ usf., die kein optisches Spektrum zeigen, weil vermutlich ihre niederste Anregungsenergie bereits oberhalb ihrer Trennungsenergie liegt. Derartige Molekülionen von Edelgasen sind überhaupt nur auf massenspektrometrischem Wege mit Sicherheit nachzuweisen. Als Quelle dieser Ionen können die üblichen Elektronenstoß-Ionenquellen dienen, wie sie allgemein bei Massenspektrometern Verwendung finden, oder Glimmentladungen, an die ein Massenspektrometer geeignet angeschlossen ist.

a) Elektronenstoß-Ionenquelle

Wir gehen jetzt dazu über, den prinzipiellen Aufbau einer Elektronenstoß-Ionenquelle für Massenspektrometer zu beschreiben, um an Hand dessen die experimentelle Bestimmung von k-Werten für den Reaktionstyp (I) kennenzulernen. Mit der Glimmentladung werden wir uns dann am Schluß noch befassen.

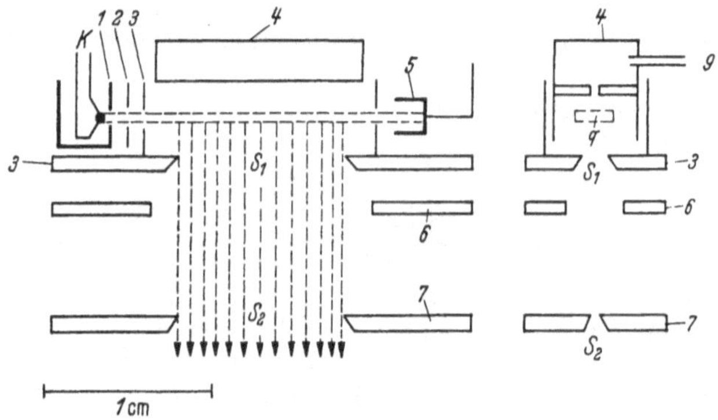

Abb. IV, 5a. Elektronenstoß — Ionenquelle eines Massenspektrometers. Erläuterungen im Text

Zunächst ist in **Abbildung IV, 5a** schematisch eine Elektronenstoß-Ionenquelle für ein Massenspektrometer gezeichnet, mit dem in der üblichen Weise qualitative und quantitative Analysen von Gasgemischen ausgeführt werden können. Von der Glühkathode K aus werden die Elektronen durch die Blenden 1, 2, 3 hindurch elektrisch beschleunigt bis auf eine definierte Energie ($\approx 75\, eV$), mit der sie dann den „Stoßraum" parallel durchfliegen und auf die Auffangelektrode 5 gelangen. Der Stoßraum wird gebildet als ein kleines metallisches Kästchen aus den Elektroden 3 und 4, in das bei 9 neutrales Gas ein- und durch den Schlitz S_1 sowie die Elektronenblenden wieder ausströmt. In der Elektronenstoßkammer erzeugt der Elektronenstrahl primäre Ionen innerhalb des Querschnitts q auf der ganzen Länge der Kammer nach dem Prozeß

$$X + e^- \longrightarrow X^+ + 2e^-. \qquad \text{(II)}$$

Durch eine kleine positive Spannung U_{43} zwischen 4 und 3, die variierbar ist von 0 bis etwa 20 Volt, werden die gebildeten X^+ relativ langsam in Richtung auf den Spalt S_1 gezogen und nach dem Durchtritt auf eine wesentlich höhere Energie von einigen 1000 eV beschleunigt. Hinter dem Spalt S_2 erfolgt dann die Trennung der Ionenmassen in üblicher Weise durch ein Magnetfeld **Abb. IV. 5b** und darauf die Messung der nunmehr getrennten Ionenströme, deren Beträge ein Maß für die Bildungsgeschwindigkeit der Ionen in der Stoßkammer darstellen.

Der Gasdruck im Stoßraum kann sehr niedrig gehalten werden ($< 10^{-5}$ Torr), da die Nachweismethoden für Ionenströme äußerst empfindlich sind. (Man kann heute bereits Ionenströme bis herab gegen 10^{-19} Amp., d. i. 1 Ion pro sec nachweisen.) In

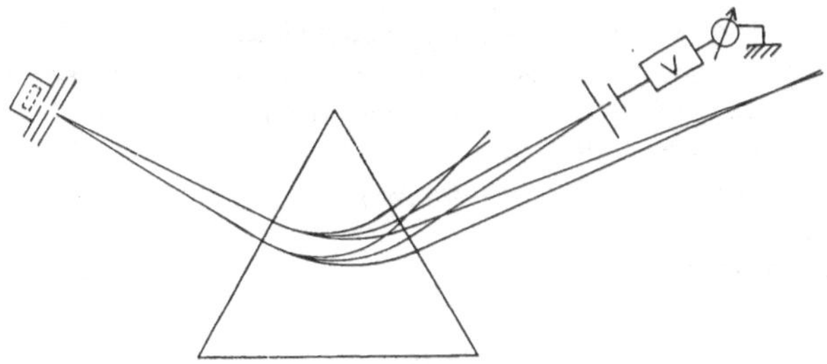

Abb. IV, 5b. Massenspektrometer schematisch. Links im Bilde die Ionenquelle, in der Mitte das magnetische Sektorfeld (Öffnungswinkel 60°) senkrecht zur Zeichenebene, rechts Ionenauffänger mit Verstärker V. Ferner eingezeichnet 3 durch das Magnetfeld getrennte Strahlenbündel entsprechend verschiedenen e/m-Werten der Ionen

der übrigen Apparatur, d. h. auf dem etwa 1 *m* langen Laufweg der Ionen von S_1 bis zum Ionenauffänger hinter dem Magnetfeld, muß der Gasdruck noch niedriger sein ($\leqq 10^{-6}$ Torr), so daß die Ionen keine weiteren Stöße mehr gegen neutrale Teilchen erleiden können. Auf diese Weise ist es möglich, die Wirkung eines primären Elektronenstoßes auf ein Molekül im *abgeschlossenen System* zu untersuchen.

Bei genauerer Prüfung der massenspektrometrischen Analysenmethoden hat sich nun ergeben, daß eine Erhöhung des Gasdruckes in der Ionenquelle auf $> 10^{-4}$ Torr zu Fälschungen der Ergebnisse führen kann, weil die primären Ionen innerhalb der Stoßkammer nochmals mit den Neutralen weitere sekundäre Reaktionen analog dem Prozeß (I) eingehen. Die Geschwindigkeit der Primärionen bleibt in der Stoßkammer noch sehr gering im Vergleich zu der, die sie nach Durchlaufen der Beschleunigungsstrecke $S_1 — S_2$ auf dem Wege bis zum Auffänger besitzen. Daher verweilen die Ionen den größten Teil ihrer Gesamtlaufzeit (vom Ort des Elektronenstrahles bis zu ihrem Nachweis) praktisch innerhalb der Stoßkammer.

Die spezielle Kinetik von Sekundärreaktionen vom Typ (I) läßt sich nun in der Weise untersuchen, daß man den Druck in der Stoßkammer soweit erhöht (praktisch auf $10^{-4} — 10^{-2}$ Torr), daß die Primärionen mit meßbarer Ausbeute auf der Wegstrecke l von ihrem Bildungsort (Elektronenbündel) bis zum Spalt S_1 gegen Neutrale stoßen. Durch Änderung des Druckes kann man dann weiterhin die Zahl der Stöße auf der festen Strecke l variieren und auf diese Weise experimentelle Werte für den Wirkungsquerschnitt bzw. den Geschwindigkeitskoeffizienten von Sekundärreaktionen gewinnen.

Wir schreiben an Stelle von X^+ als Kennzeichnung P^+ für die primär und S^+ für die sekundär gebildeten Ionen. Da unter diesen Bedingungen stets nur wenig S^+ im Vergleich zu den P^+ entstehen ($\cong 1:10^4$), läßt sich der Verlust an primären Ionen durch die S^+-Bildung praktisch vernachlässigen. Der Ionenstrom der Sekundärionen $i(S^+)$, gemessen am Auffänger des Massenspektrometers, ist demnach proportional dem Strom $i(P^+)$ der Primären, der numerischen Dichte n_2 der neutralen Reaktionspartner für die P^+ (z. B. YH in [I]) und der aus der Geometrie der Ionenquelle zu entnehmenden Strecke l:

$$i(S^+) = i(P^+) \cdot n_2 \cdot l \cdot Q. \tag{1}$$

Q bedeutet zunächst nur einen Proportionalitätsfaktor von der Dimension cm^2, der sich aus den Messungen von $i(S^+)$, $i(P^+)$, n_2 und l ergibt. Wir können ihn aber nach STEVENSON und SCHISSLER als einen durch die Beziehung (1) definierten „phänomenologischen Wirkungsquerschnitt" auffassen.

Aus (1) und (II) folgt, daß — bei gegebener elektrischer Ziehfeldstärke E in der Stoßkammer — $i(P^+)$ proportional zu n_1 (der Dichte des Gases aus dem die P^+ erzeugt werden), hingegen $i(S^+) \sim n_1 \cdot n_2$ verlaufen muß, oder bei konstantem Mischungsverhältnis $i(P^+) \sim p$ und $i(S^+) \sim p^2$, wenn p den Totaldruck bedeutet. Der Quotient $i(S^+)/i(P^+)$ sollte dann $\sim p$ ansteigen und die Reaktionsordnung von (I) damit anzeigen.

Auf diese Weise läßt sich z. B. der Wirkungsquerschnitt für die Reaktion (I)

$$Q = \frac{i(XH^+)}{i(X^+) \cdot n_2 \cdot l} \tag{2}$$

aus experimentellen Daten bestimmen. Der Wert von Q ist aber nach den Ausführungen im Abschnitt III_{13}, S. 82 noch abhängig von der Relativgeschwindigkeit, mit der die X^+ auf die YH treffen. Den neutralen YH können wir eine MAXWELLsche Geschwindigkeitsverteilung zuordnen. Die X^+ hingegen bewegen sich auf der Strecke l gleichförmig beschleunigt, und ihre mittlere Energie liegt um 2 bis 3 Größenordnungen höher als die der YH. Deshalb können wir die YH als ruhend ansehen gegen die X^+ und für die Relativgeschwindigkeit direkt den Wert v_1 der X^+ setzen. Dieser beträgt im Mittel auf der Strecke l

$$v_1 = \sqrt{\frac{eU_{34}}{2m_1}}, \tag{3}$$

so daß wir einen mittleren Geschwindigkeitskoeffizienten erhalten zu

$$k_{\exp} = v_1 \cdot Q = \sqrt{\frac{eU_{34}}{2m_1}} \, \frac{i(XH^+)}{i(X^+) \cdot n_2 \cdot l} \tag{4}$$

Auf diesem Wege haben STEVENSON und SCHISSLER die in Tabelle III, 6 aufgeführten experimentellen k-Werte bestimmt. Für eine Reihe weiterer Reaktionen vom Typ (I) sind in den **Tabellen IV, 7 und IV,** 8 Meßwerte von k bzw. Q aufgeführt, die alle zeigen, daß diese Reaktionen praktisch bei jedem Zweierstoß eintreten. Wie aus **Tabelle IV,** 8 ersichtlich, nimmt Q mit wachsender Energie von X^+ ab, entsprechend der Forderung der Theorie (III_{13} 5) und (4)

$$Q \sim \frac{1}{v_1} \sim \frac{1}{\sqrt{U_{34}}}. \tag{5}$$

Die Beziehung (5) ist ebenfalls experimentell verifiziert worden.

Bei der Untersuchung von Gasgemischen, z. B. H_2 und O_2, muß naturgemäß sichergestellt werden, welchem Mischungspartner die Rolle des X^+ zufällt. Am sichersten läßt sich eine Entscheidung fällen, wenn es gelingt, durch Variation der Elektronenenergie das „Auftrittspotential" der Reaktion (I) festzustellen, d. h. die nötige Mindestenergie zur Erzeugung der X^+. Diese bedeutet aber zugleich die *Ionisierungsenergie* des betr. Partners, womit dieser gekennzeichnet ist. Z. B. ist die Reaktion

$$Ar^+ + H_2 \longrightarrow ArH^+ + H \tag{III}$$

in Ar — H_2-Gemischen auf diesem Wege sichergestellt worden.

Tab. IV, 7. Experimentelle k-Werte

Reaktion	$k_{XH^+} \cdot 10^9$ cm³/sec	
$\left.\begin{array}{l} Ar^+ + HCl \\ Ar + HCl^+ \end{array}\right\} \longrightarrow ArH^+ + Cl$	0,04	STEVENSON und SCHISSLER
$\left.\begin{array}{l} Kr^+ + HBr \\ Kr + HBr^+ \end{array}\right\} \longrightarrow KrH^+ + Br$	0,02	
$CH_3OH^+ + CH_3OH \longrightarrow CH_3OH_2^+ + CH_3O$	11,1 ± 0,5	
$CD_4^+ + CD_4 \longrightarrow CD_5^+ + CD_3$	1,38	GUTBIER
$H_2^+ + H_2 \longrightarrow H_3^+ + H$	2,9	
$He^+ + H_2 \longrightarrow HeH^+ + H$	0,62	
$Ne^+ + H_2 \longrightarrow NeH^+ + H$	0,42	
$Ar^+ + H_2 \longrightarrow ArH^+ + H$	1,6	
$Kr^+ + H_2 \longrightarrow KrH^+ + H$	0,64	
$N_2^+ + H_2 \longrightarrow N_2H^+ + H$	2,2	
$O_2^+ + H_2 \longrightarrow O_2H^+ + H$	0,65[1])	
$CO_2^+ + H_2 \longrightarrow CO_2H^+ + H$	1,4	

[1]) Bei der O_2H^+-Bildung nehmen STEVENSON und SCHISSLER H_2^+ als ionisierten Partner an und begründen dies auch. Rechnet man ihre Ergebnisse um auf O_2^+, so stimmt der GUTBIERsche Wert damit überein. Die Argumente von STEVENSON und SCHISSLER sprechen jedoch mehr für $H_2^+ + O_2 \longrightarrow O_2H^+ + H$.

Tab. IV, 8. Q-Werte für Reaktionen zwischen Kohlenwasserstoffen nach SCHISSLER und STEVENSON

Reaktion	Reaktionsquerschnitt ($Q \cdot 10^{16}$ cm²/Molekül) Ionenenergie		Mittlere Ionenenergie, eV für $Q \to 0$
	0,10 eV	1,00 eV	
$CH_3^+ + CH_4 = C_2H_5^+ + H_2$	165 ± 5	39 ± 1	9,7 ± 1
$CD_3^+ + CD_4 = C_2D_5^+ + D_2$	161 ± 5	38 ± 1	12,8 ± 2
$C_2H_3^+ + C_2H_4 = C_2H_5^+ + C_2H_2$	359 ± 20	86 ± 5	9,7 ± 1
$C_2H_4^+ + C_2H_4 = C_3H_5^+ + CH_3$	112 ± 3	21 ± 1	4,2 ± 0,2
$\left.\begin{array}{l} C_2H_3^+ \\ \text{oder} \\ C_2H_2^+ \end{array}\right\} + C_2H_4 = C_3H_3^+ + \left\{\begin{array}{l} CH_4 \\ \text{oder} \\ CH_3 \end{array}\right.$	24 ± 3	6 ± 1	4,2 ± 0,2
$C_2H_3^+ + C_2H_6 = C_3H_5^+ + CH_4$	78 ± 2	16 ± 1	5,0 ± 0,3
$C_3H_6^+ + C_3H_6 = C_3H_7^+ + C_3H_5$	172 ± 20	42 ± 5	10 ± 2
$C_3H_6^+ + C_3H_6 = C_4H_8^+ + C_2H_4$	74 ± 3	13 ± 1	3,5 ± 0,5
$C_3H_5^+ + C_3H_6 = C_4H_7^+ + C_2H_4$	140 ± 3	25 ± 1	3,5 ± 0,5

b) Glimmentladung

Die hohen k-Werte, welche die Ionen-Molekül-Reaktionen offenbar allgemeiner auszeichnen, haben zur Folge, daß solche Reaktionen in Glimmentladungen eine sehr beachtliche Rolle spielen können, weil hier die neutralen Teilchendichten um mehrere Größenordnungen höher sind als in einer Elektronenstoßquelle. Beispielsweise ergeben Untersuchungen an der stationären positiven Niederdrucksäule in einem

Ar—H_2-Gemisch von 1% H_2-Gehalt, daß praktisch die Ionenart ArH^+ dominiert, wenn jedes primär gebildete Ar^+ auf seinem Diffusionsweg zur Wand des Entladungsrohres wenigstens einmal auf ein neutrales H_2-Molekül trifft und dabei die Reaktion (III) vonstatten geht.

Eine experimentelle Technik für reaktionskinetische Untersuchungen an der positiven Säule ist von PAHL und WEIMER entwickelt worden. Sie beruht auf dem Mechanismus der sogenannten ambipolaren Effusion. In einem Entladungsrohr diffundieren die positiven Ionen und die Elektronen ambipolar, d. h. mit gleicher Driftgeschwindigkeit und Stromdichte von der Säulenachse zur Glaswand, wo sie durch Rekombination wieder verschwinden. Dieser Verlust an Ladungsträgern wird im stationären Gleichgewicht ergänzt durch eine gleich große Ionenbildung. Läßt man demnach die Ionen durch ein kleines Loch in der Glaswand des Entladungsrohres effundieren und analysiert die Ionen-Effusionsströme mit einem Massenspektrometer, so sind diese Effusionsströme einzeln proportional zu den Bildungsgeschwindigkeiten der einzelnen positiven Ionenarten.

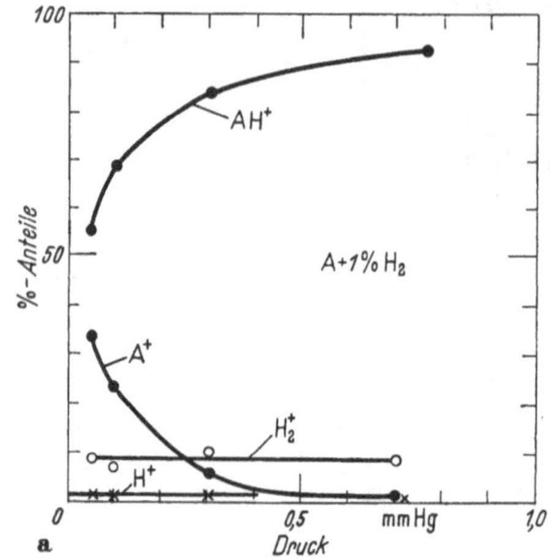

Abb. IV, 6. Relativanteile verschiedener Ionenströme aus einer Glimmentladung in Argon mit H_2-Zusatz in Abhängigkeit vom Totaldruck der Gasmischung (nach PAHL und WEIMER). Entladungsstrom I = 3 mA, Durchmesser des Entladungsrohres im Bereich der positiven Säule 2r = 0,7 cm. Jeder Stoß eines Ar^+ gegen H_2 führt zur Bildung von ArH^+ + H. An Stelle von H_2^+ in der Zeichnung ist H_3^+ zu lesen, das durch einen tertiären Prozeß $ArH^+ + H_2 \rightarrow H_3^+ + Ar$ entsteht (PAHL noch unveröffentlicht).

In **Abbildung IV, 6** sind als Beispiel auf diese Weise gemessene Relativanteile der Ionenbildung in einer Ar—H_2-Mischung in Abhängigkeit vom totalen Gasdruck aufgetragen. Man erkennt daran den überragenden Einfluß der Reaktion (III).

Mit Hilfe der Effusionsmethode ist es auch gelungen, die Geschwindigkeitskonstante für die Bildung homonuklearer Edelgas-Molekülionen wie He_2^+, Ne_2^+, Ar_2^+ experimentell abzuschätzen (PAHL). Diese Ionen zeigen, wie schon erwähnt, kein Spektrum. Ihre Bildung erfolgt nach HORNBECK und MOLNAR auf dem Wege über ein kurzlebig angeregtes Edelgasatom X', das eine mittlere Lebensdauer $\tau \cong 10^{-8}$ sec besitzt, gemäß

$$X + e^- \longrightarrow X' + e^- \qquad \text{(IV)}$$

$$X' + X \longrightarrow X_2^+ + e^-. \qquad \text{(V)}$$

Man kann nun folgende Ausdrücke für die Bildungsgeschwindigkeiten von X^+ und X_2^+ angeben (für die nach dem eben Gesagten die gemessenen Ionenströme $i(X^+)$ und $i(X_2^+)$ ein direktes Maß darstellen):

$$i(X^+) \sim k^+ [X] [e^-] \qquad (6)$$

$$i(X_2^+) \sim k [X'] [X]. \qquad (7)$$

Die Konzentration $[X'[$ läßt sich eliminieren mittels der Stationaritätsbedingung

$$k'[X][e^-] = \frac{[X']}{\tau} + k[X'][X], \tag{8}$$

so daß man für den Geschwindigkeitskoeffizienten der Reaktion (V) erhält

$$k = \frac{1}{\tau[X]\left\{\frac{k'}{k^+}\cdot\frac{(iX^+)}{i(X_2^+)} - 1\right\}}. \tag{9}$$

Die Werte der Koeffizienten k^+ und k' hängen von der Energie der Elektronen ab. Unter der stark vereinfachten Annahme $k'/k^+ \approx 1$ läßt sich aus den experimentellen Daten der k-Wert für den Prozeß (V) nach (9) berechnen. Auf diese Weise wurden folgende Werte ermittelt:

Für

$$\mathrm{He}_2^+ : \approx 1\cdot 10^{-10},\ \mathrm{Ne}_2^+ : \approx 7\cdot 10^{-11},\ \mathrm{Ar}_2^+ : \approx 2\cdot 10^{-9}\,\frac{\mathrm{cm}^3}{\mathrm{sec}}.$$

Mit Hilfe der Effusionsmethode ist es auch gelungen, erstmalig ein heteronukleares Edelgas-Molekülion, das $(\mathrm{HeNe})^+$ nachzuweisen (Pahl und Weimer), dessen Bildung in der Glimmentladung unter $p \leqq 2$ Torr wahrscheinlich über einen Prozeß

$$\mathrm{He}' + \mathrm{Ne} \rightarrow \mathrm{HeNe}^+ + e^-$$

vonstatten geht. Bei Drucken $>$ 5 Torr hat Oskam aus Messungen der Ionenbeweglichkeit und -rekombination im absterbenden Plasma auf eine Dreierstoßreaktion

$$\mathrm{Ne}^+ + \mathrm{He} + \mathrm{Ne} \rightarrow \mathrm{HeNe}^+ + \mathrm{Ne}$$

geschlossen.

Auf weitere Beispiele gehen wir nicht mehr ein, die genaueren Untersuchungen von Ionen-Molekülreaktionen haben erst in allerjüngster Zeit eingesetzt. Die Bedeutung solcher Prozesse mit derart hohen Geschwindigkeitskoeffizienten wird sofort klar, wenn man bedenkt, daß sie in allen Stoffen, die einer ionisierenden Strahlung ausgesetzt sind, ablaufen können.

Die bisher erzielten Erfolge sind durch den Einsatz komplizierterer physikalischer Meßgeräte erreicht worden. Den Chemiker würden allgemein mehr noch Methoden interessieren, mittels derer neutrale Radikale identifiziert und ihre Konzentrationen gemessen werden könnten. In dieser Hinsicht sind schon Versuche unternommen worden, beispielsweise durch Anschluß von kurzzeitig registrierenden Massenspektrometern an eine Reaktionskammer. Ferner hat die Spektroskopie eine große Anzahl neuer Radikalspektren gefunden, so daß heute gesagt werden kann, daß zumindest die Identifizierungsmöglichkeit von Zwischenkörpern beachtlich fortgeschritten ist. Was jedoch noch fehlt für die Reaktionskinetik, ist die quantitative Zuordnung von Spektralen-Intensitäten zu Radikalkonzentrationen, d. h. physikalisch gesprochen, es sind z. B. für quantitative Absorptionsmessungen die Extinktionskoeffizienten der Radikale noch unbekannt oder ihre Ionisierungsquerschnitte für die Massenspektrometrie. Es liegt aber trotzdem kein Grund vor, jede Weiterentwicklung als unwahrscheinlich anzusehen, nachdem die moderne Experimentalphysik heute bereits mit Atom- und Molekularstrahlen arbeiten kann, deren Teilchen alle sich nur in einem bestimmten Quantenzustand befinden.

Literaturhinweise

1. H. Ewald u. H. Hintenberger, Methoden u. Anwendungen der Massenspektroskopie, Verlag Chemie, GmbH, Weinheim/Bergstraße. L. Jenkel, in „Methoden der organischen Chemie" (Houben-Weyl), herausg. v. E. Müller, Verlag S. Thieme, Stuttgart, Bd. III, 4. Aufl.
2. D. P. Stevenson u. D. O. Schlissler, J. Chem. Phys. **29**, 282 (1958).
3. D. O. Schissler u. D. P. Stevenson, J. Chem. Phys. **24**, 926 (1956).
4. H. Gutbier, Z. Naturf. 12a, 499 (1957).
5. M. Pahl u. U. Weimer, Z. Naturf. 13a, 745 (1958).
6. M. Pahl u. U. Weimer, Proceedings of the fourth International Conference on Ionization Phenomena in Gases. Uppsala, 1959, Vol. I., S. 293, North-Holland Publishing Company Amsterdam.
7. M. Pahl, Z. Naturf. 14a, 239 (1959).
8. J. H. Hornbeck u. I. P. Molnar, Phys. Rev. **84**, 621 (1951).
9. M. Pahl u. U. Weimer, Z. Naturf. 12a, 926 (1957).
10. H. J. Oskam, Philips Research Reports, **13**, 401 (1958).

Sachregister

A

B

C

D

E

TÖDT

METALLKORROSION

Allgemeines, Messung und Verhütung

2. Auflage der „Messung und Verhütung der Metallkorrosion"
Oktav. Mit 37 Abbildungen. XVI, 122 Seiten. 1958. Ganzleinen DM 16,50

„Es bringt den Stoff, mit dem sich heute jeder Betriebsingenieur, ganz gleich welcher Fachrichtung, vertraut machen müßte, um einmal eintretende Korrosionsschäden nach ihrer Ursache zu erkennen." *Energietechnik*

TÖDT

ELEKTROCHEMISCHE SAUERSTOFFMESSUNGEN

Konzentrationsmessungen oxydierender und reduzierender Stoffe durch galvanische Modellelemente

Mit einem Geleitwort von M. Pfender

Groß-Oktav. Mit 237 Abbildungen. XX, 212 Seiten. 1958. Halbleinen DM 36,—

„Das Buch mit seiner Fülle von wissenschaftlichen Daten und praktischen Hinweisen, geschrieben mit fachkundiger Feder, ist das Kompendium der elektrochemischen Sauerstoffmessung und als solches das neue Handbuch dieses Spezialgebietes." *Die Wasserwirtschaft*

KLEBER

ANGEWANDTE GITTERPHYSIK

Behandlung der Eigenschaften kristallisierter Körper vom Standpunkte der Gittertheorie

3., völlig neubearbeitete und erweiterte Auflage. Oktav. Mit 86 Abbildungen im Text. XII, 291 Seiten. 1960. Kunststoffeinband DM 38,—

„Schrittweise, aber augenfällig ist die Mineralphysik in vielen ihren Teilen eine Gitterphysik der Festkörper geworden. Diese grundlegende, aber zwangsläufige Entwicklung wird durch Inhalt und Umfang des vorliegenden Werkes veranschaulicht, mit dem Ziel, alle Eigenschaften und Erscheinungen der kristallisierten Materie aus ihrem strukturellen Aufbau mathematisch zu entwickeln. Die Darstellung der einzelnen Abschnitte ist jeweils auf den neuesten Stand der wissenschaftlichen Erkenntnisse gebracht." *Der Aufschluß*

WALTER DE GRUYTER & CO · BERLIN W 30
vormals G. J. Göschen'sche Verlagshandlung
J. Guttentag, Verlagsbuchhandlung · Georg Reimer · Karl J. Trübner · Veit & Comp.

MIX
Papier | Fördert gute Waldnutzung
FSC® C083411

Zeitfracht Medien GmbH
Ferdinand-Jühlke-Straße 7
99095 Erfurt, Deutschland
produktsicherheit@kolibri360.de